U0081563

心一堂　金庸學研究叢書　金庸商管學

金庸商管學武俠商道（一）基礎篇

武俠商道－基礎篇（修訂版）

JINYONG BUSINESS ADMINISTRATION

JBA I

歐懷琳印

Sunyata

書名：金庸商管學──武俠商道（一）基礎篇
Jinyong Business Administration(JBA) I
系列：心一堂 金庸學研究叢書 金庸商管學
作者：歐懷琳
執行編輯：心一堂金庸學研究叢書編輯室
封面設計：陳劍聰

出版：心一堂有限公司
通訊地址：香港九龍旺角彌敦道610號荷李活商業中心十八樓05-06室
深港讀者服務中心：中國深圳市羅湖區立新路六號羅湖商業大厦負一層008室
電話號碼：(852) 67150840
網址：publish.sunyata.cc
電郵：sunyatabook@gmail.com
網店：http：//book.sunyata.cc
淘宝店地址：https：//shop210782774.taobao.com
微店地址：https：//weidian.com/s/1212826297
臉書：https：//www.facebook.com/sunyatabook
讀者論壇：http：//bbs.sunyata.cc

版次：二零一九年二月初版

平裝

定價：港幣 九十八元正
新台幣 三百九十八元正

國際書號 978-988-8582-41-9

版權所有 翻印必究

香港發行：香港聯合書刊物流有限公司
香港新界大埔汀麗路36號中華商務印刷大廈3樓
電話號碼：(852)2150-2100 傳真號碼：(852)2407-3062
電郵：info@suplogistics.com.hk

台灣發行：秀威資訊科技股份有限公司
地址：台灣台北市內湖區瑞光路七十六巷六十五號一樓
電話號碼：+886-2-2796-3638 傳真號碼：+886-2-2796-1377
網絡書店：www.bodbooks.com.tw
台灣秀威書店讀者服務中心：
地址：台灣台北市中山區松江路二0九號1樓
電話號碼：+886-2-2518-0207
傳真號碼：+886-2-2518-0778
網址：www.govbooks.com.tw

中國大陸發行 零售：深圳心一堂文化傳播有限公司
地址：深圳市羅湖區立新路六號羅湖商業大厦負一層008室
電話號碼：(86)0755-82224934

心一堂微店二維碼

心一堂淘寶店二維碼

悼金庸先生

金庸大俠的武俠小說撐起幾代人的共同回憶，而今，大俠本人也成為我們的回憶。在華人世界的成年人中，很難找到壹個完全不知道金庸作品的人。當然，他可能看的是電視劇，或者是玩在小說基礎上改編成的遊戲。

我接觸金大俠的小說，應該是初中，彼時沒有錢買金大俠的書，看書主要靠圖書館借。學校的圖書館，大俠的書經常會被借到斷貨，於是又從家裏附近的公共圖書館借。如果公共圖書館也斷貨，那我就只能忍著書癮度日如年。就這樣東拼西湊，時斷時續看完老先生全部武俠小說。

然後，然後我就放下我心愛的武俠小說，專心會考。

直到有壹天，需要寫點商業管理上的案例分析，我才又想起這座「金」礦。那時我才突然發現，發端於香港的武俠世界早已成為全球華人的精神桃源。金庸用他的書，給我們構建了壹個想象的而又真實的武俠體系。在這個想像的江湖裏，有悲歡離合，也有家國情仇，有文化，有生活，有政治，有經濟還有歷史。

可以說金庸武俠是壹部部微縮版的中國百科全書，隨便抽壹點出來，都是渾然天成的絕佳案例，於是後來有了我這套書。

感謝金庸的武俠小說，他的書給了我提供了很多表達懷疑論的空間和樂趣。如今大俠走了，只能賦詩壹首略表哀思。

詩曰：

健筆淩雲鑄俠魂，艱難絕境險生存。
萬千文字成經典，十四奇書定至尊。
指點報端三劍客，激爭核褲五刊噴。
於今駕鶴先生去，獨霸江湖只有溫。

希望在天堂，大俠能和古龍，梁羽生等人再創壹個新的武俠巔峰。

歐懷琳

二零一八年十月三十一日

目錄

序《金庸商管學——武俠商道》

與許多朋友一樣，金庸的武俠小說是我學生時代最熱衷的讀物之一，而以愛不釋手的程度來論，則沒有之一。金庸先生的諸多經典風行數十年，創造了華語寫作的一個個奇跡，但更彰顯其影響力的是他筆下的中國武俠江湖和塑造的眾多人物的深入人心。就拿在下來說，郭靖和黃蓉就深深影響了自己的做人和擇偶。雖然沒有幹出什麼驕傲的事業，卻為自己憨厚的個性和不合時宜找到了堅持的理由。而老婆的高智商也深深影響到下一代，在讓我心甘情願俯首稱臣之餘，也為之告慰。

與本書作者懷琳兄一樣，我還是一個深愛經濟學和管理學並將其視為終身事業的人。這兩大學科歸根結底都離不開研究人的決策和行為，而這些學問不知引誘了多少青年才俊為之孜孜以求卻難有斬獲。

王國維先生將學術分為三大類：「曰科學也，史學也，文學也」，這眼光有些類似汪丁丁先生談到的三種敘事方式（邏輯敘事、歷史敘事、美感敘事）。所以當第一次看歐懷琳君關於金庸學的文字時，簡直驚為天人——這三種學問、三種敘事方式竟然可以如此神奇的結合在一起！今天，更為感歎的是，由於懷琳君的勤奮與堅持，成就了本書如此的體系和規模。

按照米塞斯的說法，經濟學的認識論基礎是先驗的。無論古今中外，人的行為在本質上有內在一致性，因為人性中最根本的內核是穩定的。金庸筆下那些武林紛爭無論再怎麼步步驚心、血雨腥風，但其本質上還是脫不開曠古不變的人性。無論是丐幫，還是紅花會，都不外乎契約、組織和「集體行動的邏輯」。

管理學大概是最注重案例教學的學科，而國內案例還相對薄弱，所以，以解讀金庸小說來分析、傳播商務與管理學中的理論，在驚心動魄和別開生面的武俠情境中演繹經濟和管理理論，用深入人心的主人公來詮釋重要學術定義和原理，可以看做是對案例教學的一個極具創建的發明。

中國仍然處在被林毓生先生稱之為「中國傳統的創造性轉化」的重要階段，而我們也依然是南懷瑾先生所說的「亦新亦舊的一代」。即使是在形式上，懷琳兄這部《金庸商管學——武俠商道》，從篇首的楔子、詩曰，到文末標準的學術著作才有的規範的注解，也是一個傳統與現代相融合的非典型文本。

這讓我想起王國維在《國學叢刊序》中提到的卓絕見識：「余正告天下曰：學無新舊也，無中西也，無有用無用也。」

本書從武林江湖參透管理玄機，而結緣懷琳兄本身得益於網路江湖的興起——十多年前，我們曾欣喜的發現對方是自己經濟論壇兩個圈子裡的唯一的交集。幸甚至哉，我們的時代，我們的江湖。

是為序。

本力

二零一三年二月

編按：

本力，經濟學者，中國經濟學教育科研網主編。

中國經濟學教育科研網（http://www.cenet.org.cn/），由北京大學中國經濟研究中心副主任海聞教授創辦於一九九八年八月，是中國經濟學年會官方網站。中國經濟學年會理事單位包括：

北京大學國家發展研究院

復旦大學經濟學院

西北大學經管學院

中國人民大學經濟學院

武漢大學經濟與管理學院

南京大學經濟學院

南開大學經濟學院

香港大學經濟與金融學院

廈門大學經濟學院

上海財經大學經濟學院
浙江大學經濟學院
山東大學經濟學院
重慶大學經濟與工商管理學院
西南財經大學經濟學院

潘序

著名學者、教育家吳宏一教授總結過去數十年讀者對金庸小說的討論，將眾多研究者粗略分為「點評派」、「詳析派」和「考證派」三大流派。[1]並分別以倪匡、陳墨和潘國森等人，作為三派的代表人物。

「潘國森等」包括了王怡仁醫師和儒商歐懷琳詩人。潘國森學工，王醫師學醫，歐詩人學商，都算是中國文學的檻外人，或許因為我們沒有受過大學文學院教育的熏染，反而成就了「金庸學考證派」的系統化作業（Systematized Operations）。

歐懷琳詩人是「金庸商管學」（Jingyong Business Administration, JBA）的開創者、奠基人，自二零零八年起始對「金庸商管學」進行系統研究，他創立的《金庸商管學——武俠商道》系列既要成為大學文學院金庸學研究的部定參考讀物，還應該納入商學院管理學教研必備的「個案研究」教科書目。

除了從商管學角度分析研判金庸小說入面各大門派的管治水平之外，歐詩人在每一章都例配有一首七律，以詩作產量而言，已賽過了「小查詩人」查良鏞了。

《金庸商管學——武俠商道》系列結合了文學批評、歷史鉤沉和商業個案研究，當中的考證都是嚴格按照金庸武俠世界的設定去推演，沒有一丁點兒的向壁虛構。推理考古之間縱然間有異想天開的筆法，還是嚴守「有一分材料、說一分說話」的考證標準。

書中的精闢分析，常用橫貫幾部小說的跨部寫法，對讀者的要求相對較高。讀者如果沒有讀遍了金庸世界，或會感到要亦步亦趨還得要費點勁，才可以跟隨作者的筆觸，一起重建金庸武俠世界的歷史發展。

《金庸商管學——武俠商道》的第一冊書〈基礎篇〉分為三部分，前二部強調資金和經營策略對於企業成敗所起的開鍵作用。第三部從歷史研究的方法入手，幫助讀者重建少林派、明教和丐幫等歷史悠久的「大企業」一些失落的歷史。大企業高管決動組織長達發展策略，還不是要考究潛在投資目標的經營歷史嗎？

「金庸商管學」的威神力，會不會是繼X理論、Y理論、Z理論之後，劃時代的J理論呢？

我們金庸小說迷都應該拭目以待。

是為序。

註釋

①「隨着金庸小說研討會在港台、美國以及中國南北各地的陸續召開，讀者的熱情仍然不減，討論的風氣似乎更盛。從早期倪匡的點評，中期陳墨的詳析，到最近潘國森等人的考證，在在顯示出金庸小說的魅力。金庸的武俠小說，真的如世所稱，已成一種中國文化的特殊現象。」見吳宏一，〈金庸印象記〉，《明月》（《明報月刊》附刊），二零一五年一月號，頁42–47。

總序

這裏收集的都是近年來我在管理中國經濟學教育科研網的管理與商務經濟學版時發表的一些文章，寫的時候並沒有用來公開發表的打算，只是希望透過金庸的名氣吸引人流，所以風格並不十分統一。

由於是寫給大學或以上程度的人看的，使用金庸武俠的內容也以七十年代的第二版為主，這些人包括我都是看著這一版長大的，對文章的背景大家都有一定的瞭解，至於世紀新修版，我認為這個年齡層的人多未接觸，用來分析不免要把大家帶入迷局中去的，所以也就只好割愛了。

我可能是香港第一個拿管理和商務經濟學的理論來分析金庸的武俠的人，大有可能開創一個學派，或可稱為「金庸商管學」（JBA, Jinyong Business Administration）。

分析是按貝克[1]老大在《人類行為經濟分析》[2]中的假定：

（1）理性人假設，即每一個參與市場交易的個人都有能力作出理性選擇，以追求效用最大化[3]。

（2）市場有效性假設，即無論在何種約束條件下，市場總能自動達成某種程度的均衡。

（3）偏好穩定的假設，即個人偏好的理性排序是穩定的。

只不過採用的是管理、商業和經濟學的理論而已。

管理學（Management）又稱為「組織理論」（Organizational theory），管理學早期來自於實務工作者的經驗歸納。二次世界大戰前後，管理學自許多的人文、社會學科借用，取材新的研究方法、方法論④（Methodology）。近年來，管理採取科際整合（Interdisciplinary）的方法來尋求新的管理措施辦法。所以管理學沒有自己的學問，它的理論、觀念以及方法、借自所有人文、社會甚至是自然科學。而按我們的做法，商業管理學個案來自金庸的武俠經典，只是對這些經典的研究有時並未能立刻給我們一套完整的理論或答案。

現在要出版了，對於如何分類我是傷透腦筋的了，金庸武俠內容博大精深，寫出來的分析每每跨越幾個類別和幾部書，不過我還是按照我對管理和商務經濟學的理解分了一下，這個分類未必是最好的，但聊勝於無。所以書分三本。

第一本講商務管理的概念，說明錢的重要性，和管理學的基礎，書末則附帶分析從《倚天屠龍記》後到《笑傲江湖》時代的江湖世界，這樣對讀者了解本書內容或許更有幫助。

第二本主要說的是組織和策略問題，因為我始終相信「沒有壞的產品，只有壞的營銷」這句話，這樣這個部分也就落在對策略的分析上。書末則附帶分析丐幫這一金記武俠創造性組織[5]的各個方面。

有了策略還要有人來運作，所以第三本書講的是人的問題，包括領導和職員，市面上的所謂管理學的書多數講人，而且只說領導，你我「受人二分四[6]」的低級小職員其實也想知道如何當好小職員，升職加工資的，可惜就是沒人教啊！這一部分希望能稍微填補一下市場空白。書末則附帶分析了《笑傲》時期的華山派掌門岳不群，解釋企業中領導的作用和行為。

這本書的創作過程得到金學大師潘國森老師的指點，幫我指出很多看書不夠仔細的地方，不過限於個人學力，錯漏依然難免，所以要在這裡說一句文責自負，所有錯誤歸作者，至於榮耀自然歸於主——本叢書「主」編潘國森老師了。

歐懷琳

二零一三年一月

註釋

①Gary Stanley Becker 美國著名的經濟學家和社會學家，一九九二年諾貝爾經濟學獎得主。貝克把經濟理論擴展到對人類行為的研究，獲得巨大成就而榮膺諾貝爾經濟學獎。貝克開闢了一個以前只是社會學家、人類學家和心理學家關心的研究領域，他在擴展經濟學的疆界方面所做的一切是其他經濟學家所不及的，是新學術領域的開拓者。

②Gary Stanley Becker (1976), "The Economic Approach to Human Behavior", University of Chicago Press.

③效用最大化(maximization of utility)即在個人可支配資源的約束條件下，使個人需要和願望得到最大限度的滿足。

④方法論，就是人們認識世界、改造世界的一般方法，是人們用什麼樣的方式、方法來觀察事物和處理問題。概括地說，世界觀主要解決世界「是什麼」的問題，方法論主要解決「怎麼辦」的問題。

⑤很多人以為丐幫是金大俠首創，事實上早在還珠樓主一九三二年寫的《蜀山劍俠傳》中的怪

叫化淩渾就是丐幫之主，不過金大俠描寫的丐幫就比還珠樓主更為深入和有系統。

⑥受人二分四：做的多，收入卻少。由來自當年在香港流通的中國、西班牙和墨西哥銀圓。他們的一元硬幣都重七錢二，而一毫則是其十分一——七分二，五仙就是三分六。因此，二分四就是三仙三，實在少得很。

別序

這是金庸商管學「商管三部曲」的第一部，這一本書的目的是基礎性的，是想帶出一個系統——金庸武俠和商業管理的系統。構建一個金庸武俠從《天龍》時代歷三部曲到《笑傲》時代的系統，除了好玩之外，最主要的原因是在這一長期①的歷史背景下我們能夠看清某些（武林）歷史事件的前因後果，也便於我們把商業管理的理論和歷史事件結合起來分析。對金庸武俠的分析，重點並未放在書中主角的身上，而是以組織為重點來分析一些被主角光環掩蓋的人物。

說到基礎，在這一本書中，我試圖採用一些商管中簡單易懂的理論，但是有時也會有一些比較專業的東西，這些（對沒學過商管者）比較深奧的東西一般會有註釋，而有興趣進一步了解的讀者只有去買幾本教科書來看了。當然書中還有一些不在商管體系中的理論，但是商管本身就是從別的學科借用理論的，所以這樣做雖然out syl②應該不算違規吧？

本書分三部分，第一部分講商務管理的概念，說明錢的重要性，同時也舉了幾個創業的事例。

第二部分主要說的是制定策略之前的問題——目標的重要性。

第三部分是我對《倚天》到《笑傲》時代的金庸武俠史空白期的推測，當然你要說是陰謀也無不可。

歐懷琳
二零一三年一月

註釋

①由《天龍》的北宋的公元一千年左右到《笑傲》的明朝中期約公元一千五百年，這中間有近五百年的時間給我們想像和陰謀。

②out of syllabus，超出課程綱要。

第一部分　商務管理的概念（錢很重要）

這一部分重點在錢。

資金的來源和利潤的重要性在幾乎所有的商管教科書裏都沒有被提及，沒有被提到並不是說他不重要，而是大家都把他假設為外生的。現代管理學之父彼得·德魯克（Peter F. Drucker，一九零九——二零零五）說企業的定義就是它是為了經濟績效而存在的。①雖然是外生，但一個企業如果不能盈利，或沒有資金的來源就無法生存，所以資金或盈利應該是企業制訂一切策略②的指導思想，不過為了免於被指為貪婪，幾乎所有企業都對金錢問題避而不談。不過在德魯克的最著名的管理實踐（The Practice of Management）一書中，他就說了管理者一定要把經濟績效擺在決策和行動的首位。③

就是因為大家都把這個經濟績效——也就是賺錢忽略了，所以都不再提起，於是很容易就忘了他的存在和重要，不過這不是八萬五，即使不再提起還是存在的④。所以在這一部分我們看到忘了錢的重要的紅花會因沒有資金流二世而斬⑤，俗話說「殺頭的生意有人做，賠本的生意沒人做」，紅花會的失敗是有他的必然性的，而我們也將看到資金充足又能盈利的其他企業茁壯成長。

不過資金來源有的是來自企業主本身，有的則是向外籌集，為了簡單化，我們就把他當成來自企業主本身。畢竟作為武林門派，還是生財有道的，小門派可以收學生，賺點束脩⑥，還可以把徒弟打發出去當保鏢護院什麼的，再不濟還可以劫富濟貧，乃至落草為寇，所以資金對小門派限制不大。反而大門派要維護名門正派的形象，這些財路除了收徒基本斷了，研究這些名門正派的發展之路，恰好給我們提供一個如何在建制之下生存發展的案例。

註釋

①"It is the definition of a business that it exists for the sake of economic performance." Drucker, Peter. Management. Tasks, Responsibilities, Practices. New York: Harper & Row, 1974 P32-34.

②策略源自於古希臘字（Strategos），意指將軍用兵之意。自上世紀五十年代博弈理論之發展，才使得策略一詞，逐漸廣泛地運用在企業活動之上。

③"Management must always in every decision and action, put economic performance first." Drucker,

P.（1954）. The Practice of Management. New York: Harper. P7

④八萬五建屋計劃，簡稱八萬五，是香港行政長官董建華在一九九七年度施政報告提出的一項政策。董建華提出每年供應不少於八萬五千個住宅單位，希望十年內全港七成的家庭可以自置居所，輪候租住公屋的平均時間由六年半縮短至三年。在香港樓市於廿一世紀第一個十年的後期再度大升之前，不少人認為「八萬五建屋計劃」是樓價下滑的元凶，希望政府修訂這項政策，遏止樓價下跌。董建華及相關政府官員一直並無表明政策改變，即使政府在一九九八年宣佈暫停賣地時，董建華仍然表示八萬五計劃不會受暫停賣地影響。直至二零零零年六月二十九日，董建華在禮賓府接受無綫電視新聞專訪，被問及會否修訂「八萬五」目標時，董建華首次明言「從九八年就再沒有說過『八萬五』這個字眼，那你說還存不存在？」」。

⑤《孟子・離婁章句下》，原文是「君子之澤，五世而斬；小人之澤，亦五世而斬」。「澤」是指一個人的功名事業對後代的影響；「斬」，意謂斷了，沒法再繼承。

⑥「束脩」——古代學生與教師初見面時，必先奉贈禮物，表示敬意，名曰「束脩」。《論語・述而》：「自行束脩以上，吾未嘗無誨焉。」

第一章　紅花會——行俠仗義的失敗

書劍

紅花會是第一個出現在金庸小說中嘗試正面挑戰清政府管治權威的非政府組織（NGO）。NGO，是英文「non-governmental organization」一詞的縮寫，是指在特定法律系統下，不被視為政府部門的協會、社團、基金會、慈善信託、非營利公司或其他法人，通常不以營利為目的。小說中的武林幫派也是一種社團，雖有盈利行為，但對外可從沒提到過賺錢的事，所以稱之為NGO其實比稱為企業更恰當。

說到紅花會的失敗，除了總舵主陳家洛先生這個首席執行長本身性格的弱點，那就是他們的使命聲明（Mission Statement）、目標（Objectives）和策略（Strategy）和實際執行的戰略不配合造成的。在企業的實際經營過程中，營銷計劃往往碰到無法有效執行的情況：

一種情況是營銷戰略不正確，營銷計劃只能是「雪上加霜」，加速企業的衰敗。

另一種情況則是營銷計劃無法貫徹落實，不能將營銷策略轉化為有效的戰術。

使命聲明，是指對企業使命的表述，也就是表述企業生產經營的方向、目的、特徵以及指導思想。聲明的意義在於展現崇高的目標與理想，有時候可達得到，但有時候達不到，不過那是企業永遠努力的方向。

那麼紅花會的使命是什麼，「皇帝輪流做、明年到我家」。這個理想可以達到嗎？當然可以，歷史上成功的例子也太多了！

那目標（Objectives）是什麼？是將企業的宗旨轉成可達成的預期成果。紅花會的目標是什麼，是反清復明。這些都是很口頭的東西，實現目標要看他的策略，也就是為完成目標所使用的手段。不過按《書劍恩仇錄》第三回〈避禍英雄悲失路，尋仇好漢誤交兵〉，紅花會的行動指南可就有點不配合了，是什麼「紅花老祖本姓朱，為救蒼生下凡來。」還有「一救仁人義士，二救孝子賢孫，三救節婦貞女，四救受苦黎民。」相比天地會一句「反清復明」一語中的，那是不可同日而語。

詩曰：

萬事開頭必用錢，市場拓展靠他全。
改朝願景英雄聚，行俠江湖道路偏。
差五隔三行義舉，一年四季守回邊。

後人不惜前人樹，從此沉淪莫怨天。

紅花會首席執行長陳家洛先生的策略是什麼？

是行俠仗義！

這不就出事了！《書劍恩仇錄》第六回〈有情有義憐難侶，無法無天振饑民〉中陳家洛領導徐天宏、駱冰、常氏雙俠、章進、心硯和石雙英等一眾豪傑搶軍糧救災民行俠仗義起來了。問題是行俠仗義和反清復明是兩回事，行俠仗義就是要除暴安良，良既然安了，大清朝也就安了。好比商場上競爭對手出了問題，你站出來當白武士①解救對手，當完白武士又不是接收人家的公司而是隱身而退，揮一揮衣袖，不帶走一片雲彩②。本來是搶佔市場的大好機會變成損害利益相關人③（stakeholders）的價值和浪費資源，那是給自己製造麻煩了。當這種情況發生即使不落井下石也要保持中立的，那有出來助人為樂呢？《書劍恩仇錄》第十八回〈驅驢有術居奇貨，除惡無方從佳人〉武當派綿裏針陸菲青先生很好心的想去解救書中的大反派張召重——陸菲青的好師弟，結果好心反得慘報，差點就報銷了。身為首席執行長的陳家洛親眼目睹居然沒能從中學習，發現這個策略出了問題，能不失敗？德魯克說管理者的首要工作是設立目標，並決定應該如何做才能達成這些目標。④可惜目標是設立了，達成目標的方法卻沒用對，陳家洛這個領導當的實在不怎麼樣。

當然行俠仗義，除暴安良也可以作為策略之一，行俠仗義也就是施恩派糖的一種方法，問題是單憑偶爾派派糖是沒法子成功的，必須堅持不懈才可以。《韓非子》⑤的〈二柄〉說得明白，「明主之所導制其臣者，二柄而已矣。二柄者，刑、德也。」田常施恩於百姓最後代齊。子罕得到刑罰的權力所以能劫殺宋桓侯，奪取了宋國政權。那些都是花了很長時間，在同一地方堅持做同一件事才取得成功的！就《書劍恩仇錄》記載作為非政府組織的紅花會只是有能力隔三差五的行俠一下，而且還不是在自己的根據地，而是在中原這裏行一下俠，那裏仗一次義！

地點、地點、地點這是商業上最重要的，對紅花會這個NGO同樣有效。制訂策略時居然不考慮組織的實施上能力和實施地點，這是紅花會首席執行長陳家洛最大的錯誤。

除了這個策略性錯誤，紅花會還有個很嚴重的失誤，那是打市場靠什麼？

靠銷售人員！

紅花會雖有十三個當家經理，可是銷售員卻一個也沒有，有將無兵，這市場還開拓什麼？沒有兵將主要還是因為沒錢，搞企業是為了什麼？

賺錢！

紅花會這個企業本身並沒有經濟來源，也沒想過要開發點什麼產品賣錢（例如開個武術學校什麼的〉，可是衣食住行那一樣不要錢？當然高管中也有從家裡帶著錢上班的，像《書劍》第二回〈金風野店書生笛，鐵膽荒莊俠士心〉駱冰隨手就給了十兩黃金的小費，只是這是特例。其他高管多是沒有錢的主，沒有錢連自己的生活都解決不來，談什麼行俠仗義，說什麼復國？不賺錢的企業是什麼？

慈善機構！

可是慈善機構也還有捐款有收入的。好在他們也沒招人，不然坐吃山空，不用清廷這個競爭對手來對付他們，他們很快就該餓死回疆了。當然紅花會老當家在綠營兵中招收了不少人，養這批人不花紅花會一分錢。可惜啊！陳家洛這個二世祖，崽賣爺田不心疼⑥，竟然在為了和乾隆比闊，在乾隆面前把這點家底抖露出來。（事見《書劍恩仇錄》第八回〈千軍嶽峙圍千頃，萬馬潮洶動萬乘〉）可以想像經此一事，清政府必然加強對漢軍的控制，並派出血滴子⑦一類的反恐部隊對綠營兵進行清洗，這以後紅花會再想在政府軍中進行滲透已經不可能，從此紅花會就剩下那幾個光棍當家了。尤其是他們退居回疆之後，竟然不能重用當地的人才，反而把陳家洛的書僮心硯——按現在的說法就是行政秘書了，提升為十四當家，領導層的代表性不足，想要得到根據地人民的支援那是不可能的了，失敗也是必然的。

按一般商業學的做法，策略制定之後是施行，施行之中還要不時的考察施行情況，進行評估作出必要的修訂，紅花會有沒有這樣做？沒有，起碼在《書劍恩仇錄》裏我們看不到。如果他們稍微評估一下，他們會發現自己少了一批銷售員打市場，趕緊賺點錢回來招工，不過他們從沒有招過工來協助自己開拓市場。於是一個如果可以正確運用還是有可能成功的策略，就這麼在這個缺乏評估的非政府組織裏被偶爾執行著，結果怎麼樣？總舵的太湖回不去了，只能躲退到回疆去開闢新的根據地了。

認真的看一下，紅花會不能算一個完整的組織或團體，只能說是一群特種兵⑧，靠特種兵奪取政權不是沒有。前蘇聯就是這麼拿下阿富汗的⑨，可是人家後面還有千軍萬馬當佔領軍，紅花會有什麼？什麼都沒有！偶爾我們還能見到陳家洛領著一眾當家，疾馳而過，路邊那個小孩子對他的母親說：「看，他們又要回中原行俠仗義去了。」臉上還充滿景仰。

可是行俠仗義不是應該從身邊開始嗎？

據說那一次他們遇上一個叫胡斐的年輕人，很是仗義了一把（《飛狐外傳》第十九章〈相見歡〉）。之後就再也沒人提起紅花會這個非政府組織了。又據說後來他們被清政府收購了，而且還不是敵意的那種！

註釋

①白武士（White Knight）。在敵意併購發生時，被收購公司的友好人士或公司作為第三方出面來解救目標公司、驅逐敵意收購者。不謀求自身的利益而「肯為朋友兩脅插刀」的企業幾乎是不存在的。為了吸引友好公司來與惡意收購者競價並最終擊退後者，處於被收購威脅中的目標公司通常會與這家友好公司達成一些協議。當然，這些協議都是盡可能地使「白武士」從中獲益。不過如果找到那位騎著白馬的不是武士而是唐僧，那被收購公司就只好自求多福了。

②徐志摩《再別康橋》。

③利益相關人：利益相關者理論認為，企業是其與各種利益相關者結成的一系列契約，是各種利益相關者協商、交易的結果，無論是投資者、管理人員、員工、顧客、供應商，還是政府部門、社區等，他們都對企業進行了專用性投資並承擔由此所帶來的風險。（香港常譯作「持分者」，並不貼切）

④Drucker, Peter. Management: Tasks, Responsibilities, Practices. New York: Harper & Row, 1974,

P275.

⑤韓非，戰國晚期韓國人（今河南新鄭，新鄭是鄭韓故城），韓王室諸公子之一，戰國法家思想的集大成者。《史記》記載，韓非精於「刑名法術之學」，與秦相李斯都是荀子的學生。韓非因為口吃而不擅言語，但文章出眾，連李斯也自歎不如。他的著作很多，主要收集在《韓非子》一書中。田常和子罕的故事見《韓非子》〈二柄〉第七，大意是田常向君主請求爵祿而賜給群臣，對下用大斗出小斗進的辦法把糧食施捨給百姓，這就是齊簡公失去獎賞大權而由田常掌握，簡公因而遭到殺害。但田氏取的王位是田常孫子的事了。子罕告訴宋桓侯說：「獎賞恩賜是百姓喜歡的，君王自己施行；殺戮刑罰是百姓憎惡的，請讓我來掌管。」於是宋桓侯失去刑罰大權而由子罕掌握。宋桓侯因而遭到挾制。

⑥「崽賣爺田不心疼」意思是老一輩費勁掙下的田產，下一輩賣的時候不大會心痛。當年彭德懷元帥在廬山批評人民公社，用過這句話。

⑦清末民初通俗小說中記載的暗器。傳為雍正皇帝的特務組織粘桿處所獨有的一種暗器，像鳥籠，專門遠距離取敵人首級，隊員也因而被人稱為血滴子。也有傳說是雍正皇帝時的一種毒藥。

⑧特種部隊是世界一些國家軍隊中擔負破襲敵方重要的政治、經濟、軍事目標和遂行其他特殊任務的特殊兵種。單兵作戰能力極強，適合在各種惡劣條件下，完成作戰任務。最早源於德國。二戰前，一九三六年德國最高統帥部軍事情報局局長卡納里斯（William Franz Canaris)海軍上將成立勃蘭登堡特種部隊（Lehr-Regiment Brandenburg z.b.V. 800），該部隊成員均會說一種以上的外語，並熟知所在國情況，在二戰爆發後，該部隊成員潛入敵對國家中實施廣泛的破壞行動，戰果顯赫。世界五大特種部隊分別為英國SAS特別空勤團（Special Air Service, SAS）、美國三角洲突擊隊（Delta Force）、俄羅斯阿爾法別動隊(Alpha)、英國皇家海軍陸戰隊(The Royal Marines Commando)、美國海豹突擊隊（Navy Seals）。

⑨一九七九年十二月二十七日，蘇軍特種部隊突襲了阿富汗的權力中心——阿明宮，打死阿富汗總統兼國防部長阿明，長達十年的阿富汗戰爭從此爆發。蘇軍僅用一個小時就完成了這次突襲行動，而制訂作戰計劃的時間也不足三天。

第二章　創業艱難──何足道一二八七年的往事
倚天（神鵰、射鵰、天龍）

金庸筆下創業者不少，張三丰是一個，郭襄也是一個，這兩位的事跡金庸著筆多了，很多人對他們都有點瞭解，然而同一時期還有一位十分出色的創業家，金大俠只寫了個開頭，之後的事就給淹沒了，實在是件很可惜的事。

不錯，這位就是崑崙三聖何足道了。

何足道初登場的時候是《倚天》第一回，郭襄認為他約莫三十歲左右年紀，姑且以三十歲作為他的年紀，那年郭襄十九歲。這個歲數是很要緊的。書中說何足道是崑崙派的祖師爺，不過《神鵰》第三十六回〈獻禮〉祝壽中我們見到過崑崙派掌門青靈子的出場，而在這之前的《天龍》第二回〈玉壁月華明〉裏，也有崑崙派已經存在的證據，段譽在「瑯嬛福地」見書架上貼滿了籤條，儘是「崑崙派」、「少林派」、「四川青城派」、「山東蓬萊派」等等名稱。據說這是金大俠的筆誤，而我則更傾向於認為這個不是筆誤，崑崙派從《天龍》時代前就一直存在，只是在掌門青靈子之後給人滅了一回，而何足道又把崑崙派重建起來。這樣一來就可以滿足我們發掘武林陰謀的好奇心了。

詩曰：

力壓少林何足道，崑崙重立最稱難。
光明頂上刀鋒冷，三聖坳前敵膽寒。
又啟新爭屍遍野，再開舊派勢孤單。
鋤強扶弱根基建，左右逢源局面安。

事實上崑崙派掌門青靈子最早也是最後一次出場時郭襄十六歲，三年之後何足道挑戰少林，一沒有說他是崑崙派的，二沒有顯示青靈子的崑崙派的武功（無色的眼光是厲害的，如果是用了原青靈子崑崙派的武功那他是可以看得出的。）同時這些大派都有交情，而且如果何足道是「原」崑崙派的，好意思向少林挑戰嗎？這裏我們已經可以肯定他和原來的崑崙派體系不同。

接下來就是《倚天》中「原」崑崙滅派和何足道創派的時間了。郭襄是四十歲創立的峨嵋派，張三丰七十創的武當，估計武林中創派應在四十歲以上武功大成以後才會做的。由何郭張三巨頭少林相遇到六派圍攻光明頂間隔近百年，峨嵋傳到第四代，崑崙也是，武當則傳到第三代，武當峨嵋創派時間相隔三十年，則武林中一代大概也就是三十年。同時峨嵋崑崙代數相同，估計兩派創立時間接近，而崑崙應該比峨嵋早，如果比峨嵋遲，那麼何足道就得六十來歲才能建立崑崙，再讓他當上二三十年的掌門鞏固下實力，我們又多一個百歲人瑞了。所以最好把建派時間選在郭襄三十五歲左右，這樣一個時間下，峨嵋建派時崑崙才會分身不了，才會沒有加以援手，最多只是聲援一下虛應故事，然後才會有後來峨嵋紀曉芙棄崑崙而與武當殷梨亭結親的事件。

崑崙滅派和創派應該是同一時期發生的事，由於我們把時間選在郭襄三十五歲左右，時間應該是西元一二七八年左右，那時候發生的大事是蒙古軍橫掃南宋，而之前還有襄陽淪陷的事件。蒙古軍橫掃南宋的結果導致兩大平民集團的大逃亡，這兩大集團分別是丐幫和明教。襄陽淪陷後丐幫在耶律齊這個沒什麼威望的人手上必然衰弱下去，甚至分崩離析，我們可以推斷有一部分北方乞丐在襄陽失陷後和大部隊失散逃到相對安定的蒙佔區，並有可能到了西域。另外協助郭靖守襄陽的新老五絕後人①（包括南帝四大弟子，桃花島徒眾和郭靖徒弟及後人，全真教部分參加襄陽保衛戰倖存者）也應該在同時逃亡，以他們和丐幫的關係跟著丐幫一起逃到西域，那是必然的事。至於明教，則是無論蒙古人還是漢人當皇帝都要打擊的對象，肯定會受到宋元軍隊的連番攻擊，在這個情形下採取向敵人心臟撤退的策略進行了一次勝利大逃亡，也是可能的。

這個時間有人認為是一二九一年左右，我覺得有點遲了，畢竟楊逍說明教經營總壇光明頂已數百年，如果說是一二九一年時間太短了，同時在《倚天》第十九回〈禍起蕭牆破金湯〉我們又看到理宗紹定年間有張三槍教主在江西、廣東一帶起事的話②，理宗紹定年間那是一二三零年左右的事，所以楊逍的話大有誇大的嫌疑，可能是為了掩蓋某些不可告人的秘密。但陽頂天起碼是光明頂上的第二代了，否則陽頂天在一三一一年左右擔任教主，一三二七年暴亡，用十六年建立秘道和定下自己後來違反的規矩，同時還要從無到有的在當地發展明教勢力，這時間是十分不夠用的。如果我們把陽頂天當成光明頂上的第二甚至第三代，並把勝利逃亡的時間上移到一二七八年，那一切都對應上了。

事情經過應該是這樣的。一二七八年，丐幫、新老五絕後人體系和明教先後來到崑崙山這個原崑崙派的地方，基於同是中原武林分子的原因，同時這批人不會長期居留在崑崙地區，事態平息後，這批人就會該回那兒就回那兒，所以原崑崙派熱情的接待了丐幫和後人體系「訪問考察團」。而基於同樣的理由，丐幫和後人體系也以獨立法人③的身份很低調的在崑崙一帶留下一道淡淡的痕跡。然而明教這個人人喊打而且攻擊性極強的教派的到來，使地區平衡驟然消失，畢竟丐幫也好，後人體系也好都沒有在當地（大量）擴充，而明教擺明了要在崑崙地區定居，為了打仗急需大量兵源，「擴招」在所難免。這一來就威脅到崑崙派的「生源」了，同時人都打仗去了，地區經濟肯定要蕭條的，這又威脅到崑崙畢業生的就業，一場生死之戰在所難免。當然丐幫和明教的戰爭也可能發生在明教北逃和丐幫南撤的時候。

當時的武林存在幾股勢力，其一是復興中的少林勢力，另一是重創之後的明教，再有的是同樣受到重創的丐幫體系（或許包括古墓派的支持者——楊過的粉絲團組成的終南山後體系，雖然「終南山後，活死人墓，神鵰俠侶，絕跡江湖。」但是絕跡江湖的只是神鵰俠侶而已，他的粉絲④和後人可並不包括在內），還有的是新老五絕後人體系和其他老牌門派。看到《倚天》第十五回〈奇謀秘計夢一場〉中同在崑崙山中的朱長齡和武烈的朱武家族，似乎新老五絕後人體系的人應該參與了這場崑崙關戰役⑤，並且在這裏還建立一支軍隊隨時支援其中的某方。可以推斷襄陽淪陷後新老五絕後人體系，至少南帝一脈和丐幫失散乞丐一樣也來到崑崙，並建立起自己的勢力，新老五絕後人體系的總體實力無論如何比少林等大派外的任何門派都高，但是和明教比應該還是有距離的。基於新老五絕後人體系同時也代表了抗元體系，老崑崙派和他們並未發生衝突。後人體系應該同時還吸收了部分北逃的丐幫力量，在崑崙地區屬於明教之外的第二大勢力，並和明教有過衝突。

不過一個地區幫派又如何有能力對抗擁有敢和中央對著幹的軍隊的明教？這場崑崙關戰役的

結果自然是以原崑崙派的滅亡告終，更大的可能是明教順便佔領了原崑崙派的總部光明頂，並把這個用作自己的總部，寫到這裏，楊逍企圖掩飾的事情也就呼之欲出了，他不過是想掩蓋得到光明頂的歷史，保持明教的一貫正確形象而已。同時我們也懷疑這一衝突引發丐幫和明教的另一場爭鬥，並且在這次新的爭鬥中明教的聖火令為丐幫奪去，而明教的報復行動又引來終南山後（古墓派）的出手，其結果是明教老一輩高層的大量死亡，所以我們會看到《倚天》中的法王、左右使乃至散人在陽頂天失蹤時還是二三十歲的年輕人。

這個滅派戰爭，與明教和丐幫及新老五絕後人體系的衝突，很可能同時侵犯了包括何足道在內的一批當地的獨立人士的利益，他們之間可能也發生過爭鬥，那是另一場淹沒在歷史之中的鐵血戰爭。何足道聯合包括丐幫及其他遊離分子和前崑崙集團在內的人在三聖坳地區順利擊退了被勝利沖昏頭腦的明教軍隊，何足道的聲望到達了少林一戰之後的另一頂點，並順勢在那裏重建崑崙派，當起祖師爺來。

創業需要的是什麼？

人，資本，還有產品！

人，首先何足道應該是比較有領導能力的一個人，創業的成功是一個事實證明；同時人也指他的團隊，何的團隊包括了前崑崙集團、丐幫遊離分子，以及周邊的獨立人士。這個團隊是無法和明教的龐大機構相抗衡的，但是明教經過逃亡和滅教兩戰實力已經大大削弱，其實已經到了所謂強弩之末的時候。可以說何足道選擇時機上還是有一套的。

資本那就是新崑崙派的實力了，實力來自兩個方面，一是資金，武林中自然是指武功了，崑崙的武功是幾派的集合，如果不是這樣，單靠何足道本身的武功是不能和擁有《九陽真經》這種高級武功的少林、武當、峨嵋並列六大派之一的。現實中崑崙派也可能運用其武力給周邊的商旅提供保鏢服務收取傭金，怎麼說崑崙當時都是處於大元的交通要道上，如果幹打家劫舍的事，元政府是不會容忍的，崑崙的存在令一般宵小不敢在那一帶犯事，估計新崑崙還曾經得到過元政府的褒獎和祝福。實力的另一方面來自何足道本身的資歷，說起他的資歷，那是相當的高，當年如果不是覺遠，他可就挑了少林的了，雖然最後沒挑成，可是他的武功畢竟是經過少林這個權威機構的ISO⑥認證過的，在國際上還是很得到認可的。

說到產品可也不差，何足道劍法固然高明，內功也是一絕，《倚天》第九回〈七俠聚會樂未央〉俞蓮舟說高則成和蔣濤這兩個花痴能記得殷素素的名字，靠的就是崑崙派內功上的獨到之處，因此新崑崙派的武功絕對有吸引顧客的能力。並且新崑崙派後來還研究出兩儀劍法這套差點困住張無忌的功夫。

說到這裏，創業的條件是具備了，可是草創的崑崙派還是面臨著旁邊明教的威脅，如無外力的協助新崑崙派還得再給人滅上一次。其時也尚無武當和峨嵋，至於少林那是舊怨不見得會施援手，如何在這個艱苦的條件下立足並發展在創派的時候就已經提上議事日程了。

對新崑崙派來說，最需要的就是一段和平時期，使自己發展壯大，這點對任何新成立的商業機構同樣重要。當地最大的教派——明教雖然想消滅新崑崙和後人體系，卻又暫時沒這個能力，實力第二的後人體系也無力獨自對明教取勝，這樣新崑崙就成了左右大局的第三勢力。倒向那一邊，那一邊就有取勝的能力。當然後人體系倘若和明教合作的話，那就沒有新崑崙派的位子了，可是大家都想當老大，這合作結果也沒搞成，要是成了朱武家族就住到光明頂去了。

因為新崑崙派成了決定成敗的關鍵，新崑崙派就成為這兩方籠絡和保護的對象，一旦新崑崙被那一方收為己用，另一方就十分危險了。所以在新崑崙派的第一次董事會上，何足道作出如下決定，對兩方面都不得罪，不支援。當兩大勢力有爭鬥的時候幫助弱勢方，以確保地區平衡。同時在和明教與後人體系體談判時，據說何足道和他們各自簽訂了一個五十年內互不侵犯條約。這一政策得到包括靈寶道長在內的繼任人的忠實執行，《倚天》第八回〈窮髮十載泛歸航〉程壇主道：「崑崙派自從靈寶道長逝世之後，那是一代不如一代，越來越不成話了。」很可能截至靈寶這一代，兩者都未起衝突。雖然《倚天》第十四回〈當道時見中山狼〉提到崑崙掌門何太沖與班淑嫻師父白鹿子因和明教中一個高手爭鬥而死，但崑崙派似乎並未向明教尋仇，否則何太沖與班淑嫻不會不認得明教逍遙二仙之一身為光明左使的楊逍。到了五十年後，崑崙的實力已經大增，並借謝遜事件和其他門派結盟，所以雖然這時後人體系已經沒落，新崑崙派仍有能力應付來自明教的攻擊。這也是為什麼崑崙派作為圍攻光明頂的六派之一，而在此之前並未被同一區域的明教消滅的原因。否則，明教既然力能獨抗六派，何以先不就近消滅崑崙這個對手之一？

從上面幾點看，創業之艱難《倚天》中以崑崙派為最，而創業三巨頭中又以何最不為重視，對他來說這個實在不太公平。

沒辦法！誰叫他不是主角呢？

註釋

①老五絕是《射鵰》的東邪、西毒、南帝、北丐、中神通，新五絕是《神鵰》的東邪、西狂、

南僧、北俠、中頑童。

②明教五散人之一的說不得言道：「到了南宋建炎年間，有王宗石教主在信州起事，紹興年間有余五婆教主在衡州起事，理宗紹定年間有張三槍教主在江西、廣東一帶起事。」

③獨立法人（Independent Legal Entities）指依法在工商部門登記的擁有企業獨立法人營業執照的經濟組織。

④粉絲：fans中譯。

⑤崑崙關戰役為抗日戰爭的大型戰役之一，也是桂南會戰國民革命軍投入戰力最強規模部隊的一場戰役。地點位於中國廣西戰略要點崑崙關，起始時間為一九三九年十二月十八日——一九四零年一月十一日。為添趣味，在此借用。

⑥ISO：ISO是一個組織的英語簡稱。其全稱是International Organization for Standardization，翻譯成中文就是ISO認證「國際標準化組織」。ISO的主要功能是為人們制訂國際標準達成一致意見提供一種機制。

第三章　郭襄那個薄積厚發的峨嵋派
倚天（笑傲，俠客，鹿鼎，雪山，飛狐外傳）

峨嵋祖師郭襄出生於西元一二四四年，是大俠郭靖和黃蓉的二女，十六歲偶遇楊過，終生難忘，直至在四十歲那年大徹大悟（為了什麼大徹大悟，這點大可以在下文陰謀一下），出家為尼，開創了峨嵋派。

詩曰：

楊過當年誤郭襄，惹來武學劍中藏。
人頭洶湧成宗主，武藝低微霸四方。
盟約欲聯仇早結，義旗未舉命先喪。
規章不設根基弱，圓性回疆枉稱強。

峨嵋派的武功自然傳自郭襄，不過金書中關於郭襄的武功描寫又令人有點懷疑，懷疑郭襄是否具有開創一派的能力。《倚天》第一回〈天涯思君不可忘〉，少林寺前十九歲的郭襄獨鬥無色禪師，在十招中使了十門不同的拳法，雖然使的似是而非但聰悟超群，中年大悟之後這些似是而非的招數居然變成峨嵋的厲害招數。問題是書中說她的武功得自記得二三成的九陽真經。張君寶聰明不下郭襄，自幼學來，記個五六成不在話下，尚且要等到六七十歲才敢開宗立派，花了五十幾年功夫才融會貫通，而郭襄居然只用二十一年就大功告成，書中的描敘郭襄並不見得是什麼武學奇才，不免令人懷疑。所以我們幾乎可以肯定開創峨嵋派之時郭襄武功尚未大成。

武功未成又敢創派，自然是知道自己是郭大俠的女兒，楊過的小妹妹，沒人敢冒天下之大不韙來對付峨嵋派了。武功未成而創派是薄積了，創派的目的據滅絕說是為驅除韃子的大業。這點對峨嵋派而言是大俠郭靖之外的另一品牌效應①。只不過有品牌卻沒有強勢產品——高超的武功，這在武功未成的郭襄就有點危險了。按說郭靖既然把驅除韃子的擔子交給郭襄，就應該把絕藝九陰真經也教給她或由她保存。這事竟然沒有發生，據《倚天》第二十七回〈百尺高塔任迴翔〉，滅絕師太說那是「郭祖師的性子和父親的武功不合，因此本派武學，和當年郭大俠並非一路。」可是周芷若學的不是郭襄的武功嗎？她後來不也練了九陰真經上的武功！可見武學並非一路這話很有問題，當屬於為尊者諱，於是我們又有了可以陰謀一下的空間。

屠龍刀、倚天劍是將楊過贈送郭襄的玄鐵重劍熔鑄成的，倚天劍交給郭襄，可見郭襄和父母是有接觸的（事見《倚天》第二十七回〈百尺高塔任翔〉）。郭靖和黃蓉花了一個月心力，繕寫了兵法和武功的精要，居然不直接交給女兒保存而是藏在刀劍之中。說明郭靖和黃蓉認為郭襄沒有保護兵法和武功的能力，但是既然如此何不把刀劍一起交給郭襄，等到郭襄自認有保護能力時再自行取出，而要一交兒子，一交女兒？再說既能寫出來，何必還要藏起來，可以託付的話直接交給郭襄算了。郭破虜已經殉難襄陽無可懷疑，除了武功之不足之外，郭襄不得父母信任這點就呼之欲出了。

郭襄何以不得父母信任？

原因不外有三，一是郭襄行走江湖時行為令人不放心，郭襄愛結交朋友，之中不免良莠不齊，這是第一個令人放心不下。另一方面郭襄確實有一點魅力，居然吸引了一幫為她所用的類似西山一窟鬼的「襄粉」，而她不是利用這批襄粉協守襄陽，而是讓他們去幫忙找楊過。後來楊過贈送郭襄玄鐵重劍，那時郭襄尚未大徹大悟，正常應該珍而藏之，郭襄居然交了出來，落在黃蓉眼裏自然覺得她有所圖謀，圖謀什麼？九陰真經，乃至郭靖的實際武林盟主地位都有可能。所以交到郭襄手上的只是藏有武功的倚天劍，而藏有兵法的屠龍刀卻交給她弟弟。為的就是怕和藏有兵法的屠龍刀一起交給郭襄，她會馬上取出裏面的武功和兵法來，拉起隊伍造反當女皇。想來黃蓉知道當時郭襄武功已經不錯，人又聰明，再得九陰真經之助，天下恐無人能制。但女兒如果身負驅除韃子的重任，武功不是越高越好嗎？所以只有一個解釋，驅除韃子的話是一個掩飾，郭襄懷有其他目的，想當武林盟主或一統天下當女皇帝！當上這個盟主就可以號令天下，讓大家去把她暗戀的楊過找出來。甚至還要懷疑郭襄會把兵書取出來交給元人，換取朝廷支援她當武林盟主。很可能郭襄為了尋找楊過驅使過一大批襄粉到處找人，惹出過什麼事，甚至在這過程中還和元人有過交往。郭襄未必有這種想法，但她的某些行為可能又讓黃蓉這樣想，以黃蓉的機智和丐幫的消息靈通，黃蓉郭靖對此恐怕知之甚詳，才會不放心她，怕她亂來，最後連命都賠進去了，為女兒著想還是不全部交給她的好。果然黃蓉郭靖死後，郭襄就創立峨嵋派來滿足其領袖慾。當然沒有九陰真經的郭襄的峨嵋派同樣擁有強勢產品——三成的九陽真經，加偷學自五絕一鱗半爪的武功和人多勢眾。

最後她大徹大悟了，或者說尋找楊過的行動被破壞了。

想想一個情敵老是跟在你後面，而且還一跟就是二十幾年，會是什麼滋味？

不知道？

你去問小龍女好了。

郭襄有丐幫幫忙，找個把人多容易？估計最後楊過和小龍女被跟的受不住了，小龍女向法院申請了禁制令（要求耶律齊不許再幫她找人），限制郭襄接近他們夫婦。郭襄知道了，就自己組個門派，收些免費勞工來尋找楊過，於是峨嵋派就這樣橫空出世了。楊過和丐幫的再次接觸很好的解釋了為什麼《倚天》中丐幫幫主史火龍知道終南山後的存在。

郭襄的峨嵋派想稱霸武林乃至天下，那是有跡可尋的，滅絕要峨嵋可以和少林武當比肩，恐怕更多是傳自郭襄的遺訓。郭襄的峨嵋派以收女弟子為主，恐怕也是她在江湖上受人奉承多了，認為女性不比男性差，成了女權主義者②的緣故。峨嵋草創未久，居然成了六大派之一，稱霸乃至獨霸江湖的思想肯定是指導思想。驅除韃子，只可暗中進行，搞得有聲有色成為大派之一，那是明目張膽搞顛覆政府的行為，你當元政府是死人嗎？而我們又看不到峨嵋有過什麼實際的反政府行為。最重要的一點，同樣立志推翻元朝的明教應該是峨嵋的天然盟友，但峨嵋後來卻連同少林等派攻上光明頂，原因自然是為了搶這個反元的道德高地了。搶到了，憑郭靖餘威，如果郭襄還在自然是峨嵋做這個當然盟主，到時候天下各大派都聽其號令，一統江湖並由此爭奪天下都不再是郭襄的小小夢想，而是指日可待了。

當然峨嵋派和明教結仇也是一個原因，但這個仇不是始於滅絕時代，而是始於郭襄時期。那時應該是一二八零年左右，明教在崑崙地區對當地的舊崑崙派、丐幫和新老五絕後人體系發動戰爭，戰爭雖然以舊崑崙派、丐幫和新老五絕後人體系失敗為結果。但是丐幫的幫主耶律齊還在，新老五絕後人體系也有散佈江湖各地的傳人，身為耶律齊的小姨同時還是新老五絕後人體系成員的郭襄，絕對有可能帶著她將來峨嵋派的核心成員參與了那次丐幫發動的最後奪取明教聖火令的戰鬥（時間當在一二八五年左右）。並在此次大戰中和明教成了仇家，這個仇恨導致後來孤鴻子和楊逍結下了樑子並相約比武（事見《倚天》第二十七回〈百尺高塔任迴翔〉），致使倚天劍流失落入元室手中。這個仇恨一結也就斷了兩家聯盟的可能。

峨嵋派就是在這個一統江湖的夢想下倉促建立起來的，所以公司體制並不完善。畢竟峨嵋派在郭襄的眼裏只是一個過渡性的機構，這個機構裏必然還有許多想要爭霸天下的人才，所以峨嵋派才得以在短時間內躍居五大派之一（那時應該還沒有武當）。估計峨嵋派還曾經得到崑崙派的何足道的聲援，當時勢力可能實際上壓過還未完全恢復過來的少林。然而人算不如天算，沒來得及找到屠龍刀，或者統一武林，郭襄已經先走一步了。失去郭襄這個號召，聚集在郭襄身邊的人才發現爭天下已經不可為，不過稱霸江湖還是很有希望的，轉而開發技術優勢，完善峨嵋派的武功。怎麼說峨嵋派設在峨嵋這個風景區，每年香油錢的收入大是不少，不用為經濟來源傷腦筋，多了時間搞研究，不過這也要到了滅絕一代這事才算大功告成，發展出滅劍和絕劍（見《倚天》第十一回〈有女長舌利如槍〉）。但這三成九陽真經化出來的武功，加上沒完備的劍法如何是武當少林完整武術體系的對手？制度的不善更令峨嵋派每況愈下，於是峨嵋派開始淪為少林的附庸！滅絕自然不甘心，所以才有後來要周芷若色誘張無忌以取得九陰真經強化峨嵋武功的做法。

但是這個稱霸乃至獨霸在周芷若手下並沒實現，張無忌沒當皇帝，周芷若也當不成皇后。峨嵋派這個六大企業之一就慢慢被人遺忘了，反元的目標沒有了，峨嵋派也就成為一個普通的門派，而且日漸消沉，這個和明教，天地會乃至黑手黨的轉型類似，畢竟反政府的事，不是你成功推翻政府，就是政府成功鎮壓了你，沒有中間路線可走。

峨嵋派的消沉那也是有跡可尋的，滅絕一死，金花婆婆就欺上門來，居然沒有人擋得住她。可見峨嵋派的教育培訓體系極不完善。周芷若之後不到二百年，峨嵋派就改換了門庭，《笑傲》中十八回〈聯手〉，掌事的不再是尼姑或女子而是金光上人這魯男子，門下弟子也換成了道士。去到明後期，《俠客行》第七回〈雪山劍法〉，白萬劍倒是把峨嵋內功和少林相提並論，然而《碧血劍》第八回〈易寒強敵膽，難解女兒心〉，峨嵋派出名的在袁承志心裏就剩下劍法了，估計那會拳頭產品③峨嵋派九陽功也快失傳光了。《鹿鼎記》中峨嵋的武功竟然不以劍法為主，《鹿鼎記》第二十二回〈老衲山中移漏處，佳人世外改妝時〉砍在韋小寶身上的就有峨嵋的刀法。再去到清初的《雪山飛狐》第三回，峨嵋派的前輩英雄就只剩下給人打的滿地找牙的份了④。《飛狐外傳》雖然出了個圓性，不過那時峨嵋連老巢都丟了，要避到回疆去，看來也只是迴光返照而已。

峨嵋派創於元初，其時各派凋零，任何門派都有機會填補江湖的權力真空。峨嵋派舉著反元的大旗，成功可以預見。但是峨嵋底薄，作為武林企業，成功是靠一步步累積起來的，像張君寶第一代就只收了七個徒弟，走的是穩紮穩打的策略。從一開頭就沒有為天下先的想法，這正是朱升建議朱元璋高築牆、廣積糧、緩稱王[5]的方法。峨嵋派從一開始就急於迅速擴張，試想當時郭襄武功未大成，能成五大派之一，靠的除了郭靖的名頭自然是人多勢眾這點。一舉成功，讓勝利沖昏了頭腦的郭襄再也沒有想過有必要對各種經營業務板塊、運作模式、管理模式、經營策略等有了深入和全面的總結和發展，形成了系統的、完整的、規範的營運體系。郭襄不知道厚積才能厚發，反而以為這就是最好的體系了，結果傳不到四代就淪落了。

應該說，對各大門派的實力，基本上靠自己平日的武功修為、技藝積累，是自身素質的自然流露和散發，沒有什麼投機取巧的地方。只能厚積而薄發，沒法薄積厚發。峨嵋派的失敗有點像今天某些企業，靠著機遇突然壯大了起來，大了之後就不是去想如何鞏固根基，而是把目光瞄向更大的市場。結果形勢逆轉，沒有應付的能力和實力，這些企業馬上打回原形！峨嵋派的教訓不可謂不深刻啊！

註釋

①品牌效應（Brand effect）是品牌在產品上使用，為品牌使用者所帶來效益和影響。

②女權主義（Feminism）一詞，最早出現在法國，意味著婦女解放，後傳到英美，逐漸流行起來。

③拳頭產品（Hit Products）指有助於增強區域經濟競爭能力，提高區域經濟效益，促進區域經濟發展的關鍵性產品。

④峨嵋派的一位前輩英雄叫道：『男子漢大丈夫，有話要說便說，何須鬼鬼祟祟？你父責主求榮，我瞧你也非善類，定是欲施奸計。三位大哥，莫上了這小賊的當。』只聽得啪啪啪、啪啪啪六聲響，那人臉上吃了六記耳光，哇的一聲，口吐鮮血，數十枚牙齒都撒在地下。

⑤朱升（一二九九——一三七零）明代開國謀臣。字允升，安徽休寧人。因向朱元璋建議「高築牆、廣積糧、緩稱王」被採納而聞名，本朝太祖贊其為「九字國策定江山」。

第四章　武當派──那家一人公司的成長
倚天（笑傲）

張三丰是武當的創始人，那是一家從無到有的企業，比起崑崙的繼承舊派或峨嵋的郭襄人脈，武當可以說是一窮二白，所以張三丰算得上是金書第一的企業家了。

詩曰：

自出洞來無敵手，紫霄宮裏有宗師。
道人百損焉能比，古墓終南或勝之。
多用童工成大業，不交人脈悔偏遲。
少林又滅光明後，獨領風騷盛一時。

武當派是什麼時候創立的書上沒有明說，但是我們還是能估計一下的。至正二年（西元一三四二年）張三丰九十歲，張三丰離開少林時十六歲，那是一二六八年的事了。《倚天》第二回〈武當山頂松柏長〉中說他之後的十餘年間內力大進（那起碼是一二八零年的事了），之後才豁然貫通創出了輝映後世、照耀千古的武當一派武功，則武當立派當在此後。由於《倚天》第二十四回〈太極初傳柔克剛〉同時說他想去救文天祥而武功未成，文天祥死於一二八三年，所以武當立派的時間必須在一二八三年之後，也就是三十一歲後張三丰武功有成時的事了。為了便於計算，我們就說是三十五歲吧。

所謂的立派，只是一個廣義的說法，就是說他武功有成，行走江湖時自報家門的時候說：「來者何人？武當山張某某在此！」（類似三國自報家門時說：「某家乃燕人張翼德也！誰敢與我決一死戰？」不過人家報的是籍貫，他報的是住址而已。）叫久了叫順口了，就成了武當張某某，然後遊寶鳴自號三豐，又成了武當張三丰，慢慢的武當派這個名詞就出現了。

初入江湖的張三丰幹過什麼大事呢？我們知道一二四四年出生的郭襄四十歲創立峨嵋①，這個時間和我們推測的張三丰武功有成的時間相近。老張和她的關係還是比較曖昧的，所以人家創派必然要去幫下手的。峨嵋開派，自然應該是大張旗鼓的招搖，人家二小姐交遊廣闊，既是神鵰大俠的小妹妹，還是一代武林精神領袖郭靖唯一倖存的血脈，開派典禮總不能太寒磣了。所以就算郭襄想搞得平淡點，那幫郭（靖）粉肯定也不同意的，到場的都應該是些成名成道的人物，少林方丈是老相識，那是免不了要出席的。大張旗鼓的開派自然免不了會有大肆宣揚的鬧事，張三丰十六歲時就能打敗何足道，又經過這些年的修煉，武功之高大概除了不知去向的楊過和另外那幾個老而不死但又未知生死的新老五絕，以及當時的少林掌門之外基本無敵。估計當時可能有受元政府支援的人來大肆鬧事，少林一貫和政府關係不錯，家大業大，不好伸手，最多說句場面話就想借尿遁了。而身穿一襲污穢的灰布道袍的張三丰，身無長物沒什麼拖累，立馬站了出來大喝一聲：「我乃武當張三丰也！誰敢與我決一死戰？」跟著順手拍死幾個敢於鬧事的所謂邪派高手，把峨嵋的立派揚威大會，變成他嶄露頭角的場所。

這一戰建立張三丰的威名，同時還有他的邋遢形象，更令他成為新時代的抗元精神領袖和武林之星。但是之後的事就不清楚了，當然我們不能否定被他拍死的人的親友找張三丰的麻煩，給張三丰提供建立更大名聲的機會的可能。但是上面那個推斷已經有點不怎麼可靠，再推下去就離的更遠了。

我們只能肯定這個時候的所謂武當派就他一個人，說白了一家一人公司而已，這個情形一直維持到他收了第一個徒弟宋遠橋為止。這段時間有多長？我們知道張三丰九十歲時三徒弟俞岱巖三十來歲（方便計算就三十五歲吧），五徒弟張翠山是二十一二歲的少年[2]，按這個間隔宋遠橋也就大概五十歲。最小的莫聲谷當時才十來歲，按十年後張翠山回到武當莫聲谷是二十來歲，而當時已有武當七俠之名，則武當門人十來歲行走江湖是常事了，方便計算這年齡算十五吧。宋遠橋五十歲，十五歲上出道，那是三十五年前的事即西元一三零七年，由一二八五到一三零七年，張三丰管理這家一人公司超過二十年。

這裏面的故事是很值得挖掘的，一家一人公司能夠發展，並成功挑戰市場領導少林的位置，絕對是我們學習的榜樣。

一人公司最大的問題是什麼？一是因資金有限，二是在行銷推廣上能力不足。資金短缺，任你張三丰能力再好再強，沒有資金，公司無法正常運轉，那是巧婦難為無米之炊。資金既然短缺，想要建立市場都成問題，就不要說什麼開拓市場了。當然這個資金其實是名氣，有了名氣才能收學生，開武校賺錢。張三丰是個創業的人才，他明白這點，把公司建在武當山這個風景區，一戰成名之後並沒有在市場上搞什麼大動作，實際上也沒這個錢。像他這樣有經濟頭腦的人估計把自己在紫霄宮住的那間茅屋翻新一下，或者連翻新也沒有，就在門口掛個牌子寫上：

「武當張三丰舊居」

下書：

「歡迎參觀，入場費每人若干」

幾行小字。這時的張三丰多少是個名人，武當山是風景區，紫霄宮又是出名的地方，來這裏的遊客不在少數，順便參觀一下張三丰舊居並找張三丰簽名留念的人應該還是有的。老張有了錢馬上投入市場，再去拍死幾個出名的壞人，殺幾個韃子，一來揚威，二來立名。名聲大了，參觀的人也就多了，良性發展，資金就積累了起來。有了資金其他事就好辦了，資金就是飛輪效應③裏面的潤滑油，良性發展，武當飛速崛起成為六大派之一。

這個事例讓我們忽然明白為什麼那些所謂的名門大派都是建立在一些名勝古蹟，無他，可以利用當地的旅游資源，搞點旅遊業賺錢，收點門票什麼的。收了徒弟可以讓他們去當導遊，而且還不用發工資。徒弟宿舍旅遊旺季還可以當賓館，徒弟廚房也可以化身餐廳，怪不得有人說天下名山武佔多④。

不過開始時資金少，所以連服裝都顧不上了，那件污穢的灰布道袍也沒餘財更換，就這麼穿著，久了，反而成了他的招牌。這點可能是張三丰之前設想不到的，但也可能是他有意建立的形象，走的是與眾不同的差異化策略⑤。一人公司的老闆絕不易為，從行銷策劃、跑業務，想到的，想不到的，事無大小都是孤軍奮戰，既是老闆也是業務又是送貨員還兼會計催款，同時還要考慮產品開發的問題，恐怕也沒太多時間去考慮形象問題，如果這邋遢形象是他想出來的點子，那張三丰就真的是超前這個時代很多的營銷天才了。

跑了十幾年業務，張三丰終於建立起他的武林泰斗形象和聲望，也積累了不少資金和粉絲，同時還收了宋遠橋這個有錢的大徒弟。怎麼知道宋遠橋家有錢？他的兒子宋青書外號叫「玉面孟嘗」。倘若沒有足夠的錢交際，這嘗可就猛不起來了。武當派家大業大多少人在看，估計宋遠橋不可能把公款讓兒子在江湖上亂花銷的，照這個推斷宋家必然是有錢的主了。本來是他張三丰掛靠紫霄宮的，現在的紫霄宮反而要靠參觀張三丰舊居的來吸引遊客。張三丰一看，那裏有我打天下你們享福的道理？於是正式向紫霄宮提出全面收購的要求，張三丰當年掛靠紫霄宮時就已經有了這個遠大的目標，現在實力夠了，此時不提更待何時？這樣張三丰就全面接管紫霄宮。我們推斷十幾年後紫霄宮擁有者的唯一法定繼承人百損道人找到張三丰說：「當年不是紫霄宮收留你，容許你免費用紫霄宮的地方，你哪來的今天，現在居然霸佔紫霄宮，快快把紫霄宮還來！」張三丰被揭老底，臉上掛不住了，一掌拍過去，百損道人就這麼報銷了。武林是弱肉強食的地方，百損道人死了，張三丰武功之高，估計當時除了古墓裏的終南山後後人是沒有抗手的，沒有相關利益誰又敢得罪武林泰斗張三丰呢？從此張三丰真正成為了紫霄宮的新主人。

接收紫霄宮不久宋遠橋武功有成，張三丰派他下山積德行善，開始了武當派第二代在武林的參與，那時候張三丰也才五十多歲，閑來有興致除了再收幾個徒弟，依然會在江湖上管點不平之事。張三丰淡出江湖那應該是在收了張翠山這個徒弟之後的事，徒弟滿師後他就基本留在武當搞研發了。張三丰九十歲時張翠山二十一二，按武當十五六歲出師的慣例，那麼張三丰應該是拍死百損道人後在七十幾歲收的山。從這點我們也看出張三丰對成本控制還是很嚴格的，使用的基本都是廉價的童工，好在那時候沒有什麼禁止童工法，不然張三丰的武當派怕一早給取締了。

從宋遠橋出道到張翠山出師，這期間除了拍死百損道人，張三丰基本沒做過什麼大事。這個沒做過什麼大事成為後來武當發展的制約。怎麼說七十之後的張三丰已經把公司正規化起來了，業務也展開了，可是張三丰畢竟沒受過專業的訓練，不知道後來《笑傲》第一回〈滅門〉林震南教兒子那一句：「江湖上的事，名頭佔了兩成，功夫佔了兩成，餘下的六成，卻要靠黑白兩道的朋友們賞臉了。」張三丰功夫和名頭都有了，就是沒建立起一個嚴密的關係網。和客戶或供應商建立良好的關係才可以把生意做好做大，這點是很多一人公司沒想到和沒做到的事，張三丰也逃不掉這個錯誤並且一直沒有留意到。到他九十五歲上，把大事交給宋遠橋處理，宋遠橋在面對張翠山的龍門事件時才發現，武當七俠名聲大是大了，可是有起事來在江湖上居然找不到好的幫手。如果武當一早和少林等各派建立起良好關係（類似《笑傲》中的武林聯盟⑥），那麼即使人真是張翠山殺的，大家有了共同利益，死個把外圍勢力的龍門鏢局的人算什麼，最多派個人送封信到武當山問一下，宋遠橋公式化的回一封信說查無實據，死無對證，等找到張翠山再說，敷衍一下龍門鏢局的受害家屬。公文來往幾次，連《天龍》中慕容博欺騙武林盟主少林，引發雁門關滅門血案，那樣大的案子都壓下去了，張翠山的問題小意思啦！當然那時少林還把張三丰當叛徒，這種關係是建立不來的，但是和別的門派諸如崑崙、華山、峨嵋、崆峒這些的關係還是可以搞好的，這樣張三丰就不必在《倚天》第十回「百歲壽宴摧肝腸」了。

張三丰一成功就鬆懈了，浪費了幾十年可以用來的打造關係網的時間。龍門鏢局的事發生時，張三丰已經九十歲了，那時老一輩的成名人物早就死光了，要他對小他兩輩的人低聲下氣那是不可能的。不過在他淡出江湖的七十歲時期，低他一輩甚至平輩的老不死還是很多的，假如他能對他們稍假辭色，這個關係還是可以建立的。宋遠橋雖然做出補救，和峨嵋結親，可是這已經太遲了，給他們的時間只有不到五年。最後發生張三丰在百歲大壽時被突然逼宮（《倚天》第十回〈百歲壽宴摧肝腸〉），那也是在情理之中。

之後的武當調整了策略，積極參與各項諸如圍攻光明頂的公益活動，成為少林把持的《倚天》十大社會責任企業⑦評比活動的首名，總算是建立起自己在江湖上的人脈（關於五大派何以會突然殺上武當，其實是很值得我們陰謀的，這個就留待以後再說了）。不過這個時候稍微有點遲了，少林的勢力已經恢復，武當面對的已經不是以前沒有大型競爭對手的市場了。好在趙敏同學在第二十三回〈靈芙醉客綠柳莊〉中把少林滅了一次，其他四大派也受到不小的損失。接下來《倚天》第三十五回〈屠獅有會孰為殃〉的屠獅事件也令少林和不少幫派受到不同程度的打擊，反之武當損失最少，就死了個莫聲谷和宋青書，借這個機會實力保存得最好的武當派進行了勢力擴充，總算取得可以和少林競爭的市場份額。甚至一度超越少林，可惜這個時間比較短，沒到《笑傲》時代武當又給趕過頭了。至於武當給趕過頭的故事和原因，就有待我們分析從《倚天》到《笑傲》時期的江湖時再說了。

作者按：紫霄宮位於武當山展旗峰下。據說建於明永樂十一年（一四一三年），不過武俠的事，太根據正史考究起來就沒趣味了。

註釋

①《倚天》第九回〈七俠聚會樂未央〉俞蓮舟道：「恩師與郭女俠在少室山下分手之後，此後沒再見過面。恩師說，郭女俠心中念念不忘於一個人，那便是在襄陽城外飛石擊死蒙古大汗的神雕大俠楊過。郭女俠走遍天下，找不到楊大俠，在四十歲那年忽然大徹大悟，便出家為尼，後來開創了峨嵋一派。」

②《倚天》第三回〈寶刀百煉生玄光〉：「江南海隅，一個三十來歲的藍衫壯士。」「都大錦見有生人行近，當即住口，見馬上乘者是個二十一二歲的少年。」

③飛輪效應（Flywheel Effect）指為了使靜止的飛輪轉動起來，一開始你必須使很大的力氣，每轉一圈都很費力，但每一圈的努力都不會白費。達到某一臨界點後，飛輪的重力和衝力會成為推動力的一部分。這時，你無須再費更大的力氣，飛輪依舊會快速轉動，而且不停地轉動。這就是「飛輪效應」！

④《增廣賢文》：「世間好語書說盡，天下名山僧佔多。」

⑤差異化策略（Differentiation strategy）：是指為使企業產品、服務、企業形象等與競爭對手

有明顯的區別，以獲得競爭優勢而採取的戰略。這種戰略的重點是創造被全行業和顧客都視為是獨特的產品和服務。

⑥《笑傲》中少林和武當是盟友關係，為了好記，我稱之為「武林聯盟」，這名稱總比什麼少武聯盟，當林聯盟來得好聽，也配合這二家在《笑傲》中暗地裡勾結主宰武林命運的事實。

⑦企業社會責任（Corporate social responsibility）是指企業在其商業運作裡對其利害關係人應付的責任。

第五章　華山中興

碧血劍（笑傲）

華山派是個頑強的門派，從《倚天》起就在江湖立足，從六大派之一下跌一個檔次，在《笑傲》裏成了排在少林武當之後的二流門派，在書末大概就死剩幾個劍宗的門徒了。然後在《俠客行》裏消聲滅跡，但到了《碧血劍》裏又得到復興，成了主宰江湖乃至歷史進程的重要門派。最後袁承志攜款攜美外逃南洋，建立華山分派，首開中華武術學院在國外開分校的記錄。

詩曰：

命若懸絲《俠客行》，相傳薪火賴雙清。
金蛇有寶無天幸，神劍無雙有美名。
徒弟袖長能作賈，秘書口啞可當兵。
江南已是囊中物，七省添花更主盟。

說起來華山派的復興有賴兩個清，一個是風清揚，另一個是穆人清。風清揚可能是在《笑傲》後出來，重新召集華山門人再造的華山。不過有個奇怪的地方——為什麼風清揚沒有把獨孤九劍傳下來呢？這個只能從獨孤九劍如何到了風清揚手上來分析了。不論劍宗還是氣宗，獨孤九劍都不在他們的課程綱要中，所以我們合理的懷疑獨孤九劍不是華山的固有武功，所以風清揚即使出任掌門，卻也並沒有把這套非華山派武功的獨孤九劍傳下來。

不過同時也有另一個可能，就是再造華山派的是令狐沖，他的後代小令狐因為沒有風清揚的批准學不了獨孤九劍，令狐沖對華山劍法按獨孤九劍的套路進行過修改，傳給了小令狐，於是傳下了的就是「華山劍法威力加強版」①，也就是我們在《碧血劍》中見到的華山劍法。而令狐沖所學的易筋經也經改良以混元氣功的名稱在華山派紮下了根。推及前緣，風清揚就成了華山派的祖師爺了。同時出世思想濃厚的令狐沖還給立下規矩，這規矩只有兩句話，內容便是：

緊閉門口，靜誦『黃庭』三兩卷；

身投江湖，『思過崖』上有名人。

那時的華山派應該是一脈單傳的。《俠客行》裏諸多門派的掌門都被請到俠客島上，我們「嚴重地懷疑」（seriously doubt）其中也包括華山派的掌門和徒弟，並且他們是屬於前幾批到達島上的人之一。只要這樣才能解釋得通為什麼當時的江湖上沒有華山派的身影。這個時期的華山派即使沒有被請到俠客島也不怎麼好意思在江湖上招搖過市，畢竟出了個人妖掌門岳不群，太過高調會被人揭老底的，面子上須不好看。不過一個優良的傳統還是確立了下來，這個傳統就是穆人清在《碧血》第三回〈經年親劍鋏，長日對楸枰〉中提到的：「別派武功，師父常常留一手看家本領，以致一代不如一代，越傳到後來精妙之著越少。華山派卻非如此，選弟子之時極為嚴格，選中之後，卻是傾囊相授。」這個優傳學[2]也導致華山人丁稀少，可能連俠客島也因此遺忘了他們的存在呢。不過這個選侯制度[3]，哦，是選徒制度卻在《碧血劍》中被打破了。

制度的被打破半由人力半由天，人力方面是華山這時出了位改革家，歸辛樹。歸辛樹大舉擴招，而這一行為也得到掌門「神劍仙猿」穆人清的默許。但是為什麼要打破，這個制度又是如何被打破的呢？那是《碧血》前四五十年吧？穆人清藝成下山，開始闖蕩江湖，那時穆人清也就二十出頭吧（按他們家的慣例大約二十歲出頭就可以獨自行走江湖了）。突然發現一個很大的問題，這就是按照古代古惑仔，嗯，武林高手的規矩，每次開片，其中一方只要報出家門，講一聲我是什麼字頭的，老大是XXX，我師兄又是XXX，他們會罩我的，於是一場架通常都打不起來。但是輪到穆人清就出問題了，不報家門還好，一報人家就笑了，說：「沒聽說過哦。」同時他又報不出幾個成名的師兄，因為師父就收了他這一徒弟。一報家門就給人圍住海扁，扁多了，練習多了，終於一個近二十年來從未遇過對手的武林高手橫空出世了。而他也明白了，江湖上的名頭就是拳頭。

在沒有成為高手之前，穆人清開始考慮一個問題——就是華山發展的制約問題。雖然他沒看過舒馬赫（E. F. Schumacher）的《小即是美》④，可是他知道太小就是痛。首先穿衣吃飯的資金很成問題，華山派有許多規條，甚麼戒淫、戒仕、戒保鏢的弄錢很成問題。所以華山派的人除了武功高，還要是弄錢的能手。收個學生賺點學費吧，老師只讓收一個，一定要收個有錢的大腕當徒弟。可是人家都沒聽說過你華山派，這一來有錢的父母肯定不能讓孩子跟你混了。有見及此，穆人清做了一件大事，就是去給人當打手，當然是選擇性的當了，要符合正直仗義這一先決條件，所以他給人當打手次數不多，但每次都有收穫，除了收穫名氣自然還有金錢，接下來就良性循環了。最後直接當起闖王的軍需官來了，好在闖王是反政府武裝的頭子，跟著他不算違反戒仕的規條，於是錢越弄越多，解決了小企業面臨的資金短缺困難。可見我們企業賺錢，即使是小錢也要合乎社會道德的規範，一旦建立起自己的良好形象，名利雙收就很容易了。

但是人手問題也要解決，於是穆人清開始收徒弟了。不過他收徒弟也是有選擇的，他的第一個徒弟是黃真，黃真是商賈出身，正好幫他經營手頭的資產。但是關於他什麼時候收黃真這個徒弟就可以考究了，書上既然說黃真是商賈出身，那麼黃真必須是當了商賈才當穆人清的徒弟的。

未成年人當商賈似乎有點奇怪，一般古代成年是十六歲，就算黃真出道比較早，例如十四五歲，總要當上一段時間的商賈，才可能養成他的性格和語言風格。《碧血劍》第七回〈破陣緣秘笈，藏珍有遺圖〉說他是商賈出身，生性滑稽，臨敵時必定說番不倫不類的生意經。所以我們估計黃真最快也要到十七八歲才拜入穆人清門下，再學上十年功夫（按照袁承志的速度），然後出來行走江湖。黃真五十幾歲，扣掉經商學武的時間，黃真大概是二十年前出師的。也就是說穆人清用了大概十年來建立自己的聲譽。不過學武不是說要打小學起嗎？特例是有的，瑛姑就是一例，不過最後的成就可不怎麼高，黃真據說深得華山派真傳，所以我們只有假設黃真是個不世出的練武奇才，同時還是經商的高手，於是穆人清才會看上他。

黃真是財務總監，一家公司不能只要財務，還得有個打雜的和做市場的。歸辛樹就這樣跳入我們眼簾。黃歸二人入門雖有先後，時間差距必須不大，因為兩人年齡也差不太遠。如果入門時間差太遠的話歸辛樹就必須等到二十好幾才開始學武了，這又成了一個特例——二十幾歲才開始學武，居然能領袖江南武林，當時人的武功水準也有夠差的了。《碧血劍》第十回〈不傳傳百變，無敵敵千招〉，穆人清道：「你（歸辛樹）性子向來鯁直，三十年來專心練武。」歸辛樹五十有餘，那就是二十左右入門，時間是黃真入門後三四年。同時教倆徒弟，這市場就沒法做了，於是後來的雜工啞巴，就上崗了，暫時還頂了個市場部經理的位子。大概二十年前吧，兩個徒弟分別出師了。

大徒弟是商業奇才，認為小企業，太小，資金也少，招工，打市場什麼的都不容易。不具備獨立的產品開發能力，市場開拓能力也相當有限，這類企業的經營完全以盈利為唯一目的，往往很少考慮和進行長遠規劃，容易造成企業業務頻繁更換的情況，對於市場和技術的變化風險抵抗力差，不利於企業的長期、持續性發展。穆人清認可了這一提法，命令黃真專職處理資金問題，數年後，錢圈夠了，歸辛樹也學成了，於是順理成章的成為打市場的擴招辦主任，啞巴改為打雜的。這樣穆人清就有很多時間在江湖上建立人脈，為華山以後的發展奠定基礎，其中一個方法是收了不少記名徒弟，著名的那個叫崔秋山，同時還結交了鐵劍門掌門木桑道人互為奧援。金蛇郎君運氣差到極點了，找上華山時剛好是穆人清在江湖拉關係的時候，根本就不在華山當宅男。

華山就這麼發展起來，很多人爭著把子女送入這家學校，袁承志就是在這種情形下被保送入讀的。聲望，財力都有了，歸辛樹夫婦隱然是江南武林領袖，再後來袁承志也當了七省盟主。華山算是全面中興了，不過穆人清也老了，開始要考慮繼承人的問題，本來是黃歸之間的競爭，但是穆人清又收了個袁承志，江湖上開山門和關山門弟子身份比較特殊都是掌門人選⑤，難怪歸辛樹會對袁承志懷憤了。穆人清選掌門看的是徒孫，所以一早選定了黃真，為的是馮難敵和馮氏兄弟，同時黃真為人比較冷靜，不如歸辛樹衝動，第六回〈逾牆摟處子，結陣困郎君〉就很為袁承志著想擔心過，可見由他當掌門起碼不會有危害同門的事。不過歸辛樹夫婦現在隱然是江南武林領袖，恐怕他們心懷怨懟。於是一出鬧劇就上演了，藉著《碧血》第十回〈不傳傳百變，無敵敵千招〉中的歸袁相爭，穆人清狠狠的批了歸辛樹一頓，把歸辛樹從雲端拉了下來。這下歸辛樹安份了，黃真以及馮氏兄弟的位子也穩了，華山以後發展的路子也定了調了。所以穆人清確是華山中興的大功臣，締造了一個厚積噴發的經典案例，比之郭襄的峨嵋真是不可同日而語。

註釋

①威力加強版又稱PK版（Power Up kit edition）一般多見於電腦及電視遊戲（基本都屬單機作品）。在原版遊戲推出後，根據原版修改或者追加新的內容，資料及增大難度等而出的特別版。威力加強版遊戲內容及本質和原版比較沒有任何改變，僅增加可玩性及玩家需求等等。

②此處借用優生學的概念，優生學（eugenics）是研究如何改良人的遺傳素質，產生優秀後代的學科。

③選帝侯（德語：Kurfurst，複數為Kurfursten，英語：Elector）也稱選侯，是德國歷史上的一種特殊現象。指代那些擁有選舉羅馬人民的國王和神聖羅馬帝國皇帝的權利的諸侯。一三五六年，盧森堡王朝的查理四世皇帝為了謀求諸侯對其子繼承王位的承認，在紐倫堡制訂了著名的憲章「金璽詔書」，正式確認大封建諸侯選舉皇帝的合法性。詔書以反對俗世的七宗罪為宗教依據，確立了帝國的七個選帝侯。一八零六年，神聖羅馬帝國被拿破侖勒令解散，選侯權失去了意義。

④在六零年代創導中級科技概念的著名經濟學者修馬克（E. F. Schumacher），其名著《小即是美》（Small is Beautiful）是一本深具人文深度的經濟學著作。

⑤這個開山門和關山門弟子身份比較高的傳統應該來自清代青幫，青幫最後一位創幫祖師死後，由開山門和關山門弟扶柩回鄉，此後青幫對於各師父領下的開山門、關山門弟子均特別敬重。用在這裏似乎有點以今喻古，不太合適，不過我們這本書的內容就是以今天的眼光解釋古代事件，所以也就不追究時代差異的問題了。

第二部分　商務經營戰略與決策（目標不能錯）

賺夠錢了自然要講發展，發展靠的是正確的策略，所以這個部分講的是策略問題。策略是商務學研究的一個重點，研究的人雖然多不勝數，可是我們還是經常會聽到理論和實際不配合的怨言，其實這不是理論和實際有衝突的問題，這是策略和目標有衝突的問題。很多時候那是因為企業一開頭就訂錯了目標，目標錯了，策略再恰當，細節再完美，那也只是往錯誤的路子走的更遠，南轅北轍結果只能陷得更深而已。

都說細節決定成敗①，其實呢，目的決定生死。目標錯了，細節訂再好那也只是往錯誤的方向走的更遠而已。楚霸王百戰百勝，可惜沒弄清楚自己的目標，結果只能在烏江自刎。《連城訣》中的血刀門就因為沒弄清楚自己的目標，血刀老祖雖然技術上擊倒南四奇的落花流水，但是由於策略上被人誤導，最終整個中原遠征軍全軍覆沒。真正弄清楚自己的目標的太岳四俠，卻可以連品牌都不要了，而依然取得成功，可見目標才是研究策略的重點。要研究你的策略，先要弄明白你的目標，而這也正是為什麼所有講策略的教科書都會先講對企業內外環境的分析的原因，而這個對企業本身目標的分析，很多時候我們都把他當成不可控制的外生變量而忽略了。目標管理②就是弄清楚你的目標，要讓你的目標這個重點指揮策略這種技術手段，不要讓技術手段，反過來成為指揮企業發展目標的依據，本末倒置那是不可能取得成功的。

註釋

①汪中求《細節決定成敗》，二零零四，新華出版社。作者以大量案例論述了「細節」在管理中的重要性。這本書意在提示企業乃至社會各界：精細化管理時代已經到來。

②「目標管理」的概念是管理專家彼得・德魯克（Peter Drucker）最先提出的，其後他又提出「目標管理和自我控制」的主張。德魯克認為，並不是有了工作才有目標，而是相反，有了目標才能確定每個人的工作。

第六章　血刀門——海外上市是怎麼失敗的連城訣

上市①是幹什麼的？

答案最多的應該是引進低成本的資金。

不過海外上市又是幹什麼呢？大家的答案恐怕還是前面提到的那個。對前一個問題的答案雖然人人都這樣說，我是不這麼看的，對第二個答案我就更有保留了。既然在本地上市也可以同樣的效果，那麼這些公司還到海外上市籌集什麼？當然保薦人公司②都會說，因為民企在國內上市困難重重，所以選擇海外如香港上市。對中國國內那些急於尋求發展資金的民營企業來說，提供了一條融資渠道。最重要的是，這些地方沒有貨幣管制，資金自由進出，賺了錢很快可以拿出來。

那麼歸到實處這上市無論在那裏都是為了圈錢！這裏圈不了，那裏圈。

詩曰：

只為當年錯念頭，股金用盡本不留。

遠征無計籌資產，經理高明耍馬猴。

總裁缺人唯夾尾，辦公沒地被拋售。
市場先佔三分地，何懼風雲與水流。

然而懷著這種以集資為目的的海外上市，是錯誤的，也是必然要失敗的。

《連城訣》中清代來自西藏的血刀門在中原地區，搞了次海外上市，結果全門覆沒，是很值得大家學習的。

說海外上市，那是清朝政府對當時血刀門的所在地管理辦法和中原地區略異，算得上清朝政府的特別行政區，既然中國國內到香港這個特別行政區上市算海外上市，那麼清朝的特別行政區到中原上市也可以算是海外上市了。血刀門上市的時間起碼是狄雲出獄前九年的事了，目的應該是籌集資金，在遇到丁典的時候應該是想再融資了——打梁元帝的財寶的主意。

血刀門的拳頭產品那是沒話說的，一個血刀老祖總裁打南四奇「落花流水」（陸天抒、花鐵幹、劉乘風、水岱）中的任何兩個是沒問題的，最重要的是手腳斷了也可以練，和當年《天龍》中天山童姥可以返老還童的八荒六合唯我獨尊功那是可以一拼的。這樣神奇的產品倘若讓股神巴菲特[3]聽到了，肯定要馬上入股的。所以當年血刀門就這麼輕易的海外上市成功，據說還籌集到不少資金，但是不久之後當他們想再融梁元帝的資的時候就出事了。先是第三回〈人淡如菊〉遠征中原的四個高管死在梁元帝基金④經理丁典手上，然後是最後一個高管和總裁死在繼任梁元帝基金經理狄雲手裏。中原遠征軍的覆沒導致血刀門就這樣被取消上市資格，被動退市了。

高管和總裁的死，和血刀門的上市目的很有關係。

都說細節決定成敗，其實呢，目的決定生死。目標錯了，細節再好那只是往錯誤的方向走的更遠而已。怎麼說他的目的錯了呢？還是先講講海外上市這點，這樣就比較好明白了。

說起來民企籌集資金，以求發展，在國內雖然不容易，但也不是沒有成功的例子，不成功，那是受政策限制——政府不支援，結果才跑出來的。雖然港交所⑤就不辭辛苦的去把這些人家不要的企業挖來香港上市，多少給人執二攤的感覺，但是企業那麼多，肯定有滄海遺珠，端的看你怎麼發掘。看看港交所（只能拿他當例子，別的地方的網站沒有中文版），介紹香港上市的網頁，九條優勢，提到資金的倒有四條（見附錄一）。問題是上市不論在那裏，融資絕不會是真正企業的目標，正常的企業多是想透過籌集資金求發展。真不知金管局⑥和港交所那幫大帝是怎麼想的，推銷的時候還一個勁的告訴人家香港融資方便，而不是推銷上市後在香港的發展機會，讓人家不知不覺的以為上市就是為了融資和再融資，資融完了就大功告成，可以和雙兒親個嘴了，這是故意引人犯錯嘛。一旦出事（這個可能性還是很大的，受他誤導把目標訂錯了，走錯路能不失敗嗎？）不僅害了上市企業，也害了買他們股票的香港股民，更損壞香港聲譽。要知道以容易圈錢為宣傳招攬來的的上市公司，必然多以圈錢為目的，一旦圈了錢就不再為公司發展進行努力了，股價也天天向下，這些不注重企業發展的公司如果失敗了，那肯定要影響香港這個所謂的國際金融中心的聲譽的。同時這樣做還有個劣幣驅良幣[7]的效果，真的想利用香港這個平台發展的公司，看到周圍都是不務正業的公司也必為之卻步，得不償失啊！

血刀門也一樣以融資為目的，上市十年，居然只有五個高管被派到中原當遠征軍，而在中原連個固定的辦公地方都沒有，總部又不曾在資金上支援他們。

為什麼這樣？

那是他們錢拿到手了，並沒有用來求發展，而是公費花用掉了，平時只會打打野戰，遊而且擊，又沒有根據地（辦公的地方），坐吃山空，所以很快就要搞再融資。你想，我要是投資者，我敢買他的股票嗎？而血刀門還是一個有極其厲害，屬於國際領先水平產品的企業！產品過硬，目標錯誤都要失敗，何況其他產品一般的企業？當然血刀門搞成這樣也是和證券部門監管不力有關，沒有他們開頭的引進和後來的放任，血刀門不會來中原上市，監管到位，上了市也會很快被停牌。

那麼血刀門的目標應該是什麼？

有這麼厲害的產品自然要賣出去了，上市的目的也應該是利用在中原這個從未涉足的地方擴大市場份額。結果血刀門也不知是給什麼交所誤導了，目的定為融資。資一融到了就以為萬事大吉，連市場也不開拓了。本來中原這個地方四通八達，市場監管、管理水平什麼的都比當時的西藏高，最主要的還是國際上的信用認受性強。血刀門應該把目標訂成借中原這個平台建立國際化企業，把內銷的《血刀秘笈》改為出口中原，或者用這筆錢鞏固發展內銷市場那才是正理。可惜呀，血刀門就是給誤導了，招股書雖然這麼寫，其實大家都沒當一回事，圈了錢就算，錯過了發展時機，不到幾天集資來的錢就浪費光了，只好搞再融資⑧，打起梁元帝基金的主意來。

丁經理高明著呢，一看，靠！

你這公司說搞外銷吧，結果在這外銷重地，連個辦公室也沒有。說搞內銷，在這裏上市，連個聯絡基金經理的地盤也沒有，有幾個所謂的聯絡人，可平時也不見你，名義上說在中原上班，人都躲到名勝風景區度假打高爾夫去了，連通信地址還都是會計師樓的地址，股票的交易量是日少一日，現在快被除牌了要錢了就來找我！你當我傻子還是什麼？立馬就拒絕了。沒了資金血刀門的發展就這麼停頓下來。最後要血刀門的總裁血刀老祖親自出馬，可憐啊，連梁元帝基金是啥樣都沒看到就掛了，便宜了狄雲，把血刀門的拳頭產品《血刀秘笈》給借用了。

想想，當年血刀老祖如果不是被誤導了，正確利用上市的資金那就不用再融資了，要再融資也不用基金經理投入，有小股民支援。像匯豐，雷曼出事之後大行說他不行，可小股民就是用血肉長城把他拱衛起來[9]，為什麼？人家把業務發展到自己家門口了，大小股民對他熟悉，有信心嘛。而血刀門呢？就那幾個高管偶爾露下面，還是不公開的，誰知道你血刀門是什麼東西，沒有股民支援那是自然的。

當年得了錢，血刀老祖要是用來發展內銷，那就不會只有五個高管，離開青教總部時身邊肯定能帶幾個幫手，一不小心還能把南四奇「落花流水」打個落花流水。倘若用來搞外銷，起碼也建立了幾個市場（分舵什麼的），被「落花流水」追的時候，往市場裏一鑽，就是加上北四奇「風虎雲龍」都來了也不怕。偏偏給人誤導了，荒廢了本身的業務，死得冤吶！

看吧，強如血刀門這樣有國際領先水平產品的企業也因為弄錯了目標被市場拋棄，不如他的企業能做長久嗎？

所以上市的目標，不論是本土還是海外都不應該是融資，應該是求發展，融資只能是手段不能是目的，不然又是一個血刀門。

附錄一：在香港上市的優點

更新日期：二零零八年十一月六日

國際金融中心地位

香港是國際公認的金融中心，業界精英雲集，已有眾多中國內地企業及跨國公司在交易所上市集資。

建立國際化運營平臺

香港沒有外匯管制，資金流出入不受限制；香港稅率低、基礎設施一流、政府廉潔高效。在香港上市，有助於內地發行人建立國際化運作平臺，實施「走出去」戰略。

健全的法律體制

香港的法律體制以英國普通法為基礎，法制健全。這為籌集資金的公司奠定堅實的基礎，也增強了投資者的信心。

再融資便利

上市六個月之後，上市發行人就可以進行新股融資。

C‧F http://www.hkex.com.hk/chi/listing/listhk/advantages_of_listing_c.htm

這裏只摘抄有關資金的所謂優勢。另這是零八年版的所謂優勢，港交所有個PDF版的「在香港上市」的小冊子，裏面就再不敢提什麼再融資便利的話了，按檔案名稱看那是二零一一年三月的版本，難道港交所還會因為我幾句話改變宣傳策略？

http://www.hkex.com.hk/eng/listing/listhk/Documents/Mar2011(3)_LIHK_TC.pdf

一旦決定申請上市，公司要選擇最合適的市場。以下是在香港上市的一些優點：

- 通往中國內地及亞洲其他地方的門戶

  香港與中國內地以至亞洲其他經濟體都有緊密的商貿聯繫，享有位處高增長地區之利。香港是國際公認的金融中心，精英雲集，其證券交易所為眾多亞洲公司及跨國企業提供了上市集資的好機會。

- 中國內地的增長

  中國內地市場急速增長，公司企業要涉足其中，盡握中國晉身環球經濟強國所提供的種種機遇，香港是最理想的地點。

- 法制健全並具公信力

  香港的法律體制以英國普通法為基礎，法制健全，為企業籌集資金提供堅實的基礎，也有助增強投資者的信心。

●國際會計準則

我們採用《香港財務報告準則》及《國際財務報告準則》。在個別情況下，特別是在港作第二上市的個案，我們也接納公司採用《美國公認會計原則》或其他會計準則。

●完善的監管架構

香港交易所的《上市規則》符合國際標準，我們的上市公司要作出高度的訊息披露。國際標準的企業管治規定可確保投資者能夠適時獲取上市公司的資料，隨時評估公司的狀況及前景。

●資金自由進出

香港是全球最開放的市場之一。香港不設資金限制，貨幣可自由兌換，證券可自由轉讓，並提供許多稅務優惠，對公司企業和投資者都很具吸引力。

●先進的結算交收設施以及金融服務

香港的證券及銀行業以健全、穩健著稱，亦擁有穩固的交易、結算及交收設施。

●中國內地企業的本土國際市場

香港是中國的一部分，是中國內地企業尋求在國際市場上市的首選地方。統計數據顯示，中國內地企業在香港及中國境外其他市場雙重上市，其絕大部分的股份買賣均在香港的證券交易所進行。

註釋

①上市即首次公開募股（Initial Public Offerings,IPO）指企業通過證券交易所首次公開向投資者增發股票，以期募集用於企業發展資金的過程。

②保薦人（Nomad/Sponsor）就是依照法律規定，為上市公司申請上市承擔推薦職責並為上市公司上市後一段時間的信息披露行為向投資者承擔擔保責任的證券公司。簡而言之，就是依法承擔保薦業務的證券公司。

③股神：沃倫·巴菲特（Warren E. Buffett），巴郡公司（Berkshire Hathaway）董事長。如果

你在一九五六年把一萬美圓交給巴菲特，它今天就變成了大約二點七億美圓。這僅僅是稅後收入！公司四十年前，是一家瀕臨破產的紡織廠，在巴菲特的精心運作下，公司淨資產從一九六四年的二千二百八十八萬美圓，增長到二零零一年底的一千六百二十億美圓；股價從每股七美圓一度上漲到九萬美圓。

④基金（Fund）基金是機構投資者的統稱，包括信託投資基金、單位信託基金、公積金、保險基金、退休基金，各種基金會的基金。組織上講，基金是為特定目標而專門管理和運作資金的機構或組織（如美國的福特基金會、富布賴特基金會等）。

⑤港交所：香港交易及結算所有限公司（通稱香港交易所，簡稱港交所，英文全稱為Hong Kong Exchanges and Clearing Limited，英文簡稱HKEx，股票代碼HKEx: 00388）是一家控股公司，全資擁有香港聯合交易所有限公司、香港期貨交易所有限公司和香港中央結算有限公司三家附屬公司。主要業務是擁有及經營香港聯合交易所與期貨交易所，以及其有關的結算所。

⑥金管局：香港金融管理局（簡稱金管局；英語：Hong Kong Monetary Authority，HKMA）是中華人民共和國香港特別行政區政府轄下的獨立部門，負責香港的金融政策及銀行、貨

幣管理，擔當類似中央銀行的角色，直接向財政司司長負責。

⑦劣幣驅逐良幣（Bad money drives out good）為十六世紀英國伊麗莎白造鑄局長提出，也稱「格雷欣法則」（Gresham's Law），他觀察：消費者保留儲存成色高的貨幣（undebased money）（貴金屬含量高），使用成色低的貨幣（debased money）進行市場交易、流通。

⑧再融資是指上市公司通過配股、增發和發行可轉換債券等方式在證券市場上進行的直接融資。

⑨二零零八年九月十五日，在當天「美國雷曼兄弟」（Lehman Brothers）宣佈破產，導致全球股市下滑，構成股災。在二零零九年三月二日，匯豐控股宣佈供股，匯豐控股股價隨即插水式下滑，股價跌至三十三元收市。不過故事未完，小股民極力支持，到了一個月後的四月六日匯豐收市股價已經回升到五十二元。

第七章 聖火不滅之謎

倚天

在看過《倚天》之後不知有沒有人考慮過聖火的問題，不是奧運聖火，我說的是明教的聖火。

陽頂天教主死後，崑崙山光明頂作為明教總部，雖然有楊逍坐鎮外加五福娃（五散人加青翼蝠王，簡稱五福娃。由陽頂天之死到張無忌出現隔了二三十年，明教的領導還是那些人，則可見當時的什麼王什麼散人的還都是小娃娃，這個年青化現象和之前明教與丐幫的衝突有關，關於這點我們以後會有更詳細的分析，這裏就不細說了。）在外擴充勢力，可是二三十年間居然家敗業壞，要靠遠在江南的天鷹教幫忙才勉強保住聖火。

天鷹教本來與明教是母公司與子公司的關係，為什麼發展如此不同？

這裏留給我們一個思考的空間——為什麼同出一門，一邊日漸凋零，一邊日見興旺？明教的經濟來源十分穩定，基本來自教眾的捐獻，教徒之多可以組織成軍隊和政府開戰，所以停滯不前當和經濟問題無關，而和策略運用有聯繫。

按：根據新垣平先生的《劍橋版倚天屠龍史》天鷹教和正統明教有教義上的分歧，如果此說成立，這兩者就沒有可比性了。不過根據《倚天》第二十二回〈群雄歸心約三章〉，六派圍攻光明頂後，殷天正提議歸宗，天鷹教教眾歡聲雷動看來，兩者在教義上是沒有什麼分別，就算有分歧也不太大，不然你讓丐幫淨污兩派合併試下什麼反應？當然能重新合作那主要是目標一致的原因。

詩曰：

五娃空自據崑崙，幸賴天鷹聖火存。
塞北凋零根欲絕，江南茂盛葉漸繁。
孤行一意招強敵，海納百川成至尊。
無忌天教延聖火，元璋奪位驅胡元。

現在我們要考慮的是為什麼總部的發展不如分部？

我決定先說天鷹教的成功，從這裏我們也可以看出明教總部失敗的原因。

天鷹教能在江南取得成就和殷天正的正確領導——leadership，是分不開的，天鷹教只有一個領導——殷天正，而明教總部除了楊逍還有五福娃，令出多門，是導致無法擴張的一個原因。但

leadership只是造成分別的原因之一，之一而已。

在江南，還有許多如海沙幫、巨鯨幫、神拳門之類的幫派（見《倚天》第五回〈皓臂似玉梅花妝〉），面對這樣的競爭，天鷹教能夠搶佔市場份額，基本上形成壟斷局面，靠的自然不是領導有方。主要是天鷹教源出明教，有一套行之有效的教義，以救世為目標，其他教派，基本是純利益或地理結合。像這些小門派一個玄武壇白龜壽就可以搞定他們。況且天鷹教改頭換面，明教這個名字給他們的負面影響減到最低，但是天鷹教又照搬了明教適合教派發展的管理架構，去弊存利，這點對天鷹教極其有利。

當然明教在元代是取代丐幫的全國性大幫派，也是反元的主力，所以他面對的敵人除了江湖其他幫派，最主要的還有元政府軍隊的打壓，因此他所承受的壓力是極其巨大的。而天鷹分離出去以後，變成了地方性幫派，他所面對的敵人就非常局限了，加上天鷹體系本身就不弱，自然可以發展壯大。可是同時我們也看到在明教總部所在地，並沒有什麼太強的地方勢力——除了崑崙派，但是如果沒有其他六派的幫助崑崙是不敢也不會去挑戰明教的。這一來兩方面所受的壓力算扯平了。

現代企業講究的是什麼?·是vision[1]——理想和目標，這一點就是上面所說的教義了。天鷹教和明教總部同是外來的MNC②，對比本土公司或幫派理想還有組織架構上有一定優勢。天鷹教的成功是優勢得到發揮。但是明教總部也有vision，而且還是同樣的vision和組織架構，為什麼就出問題了?

這點有兩個原因，一是實際環境，二是策略失當。

策略下面再說，先說環境，明教總部的市場環境和天鷹教不一樣，天鷹教面對的是一盤散沙的小派，所以能形成「完全壟斷」③。但是明教總部面對的有一個大派——崑崙派，而崑崙派背後還有其他五派的支援。所以這是一個「雙頭壟斷」市場，市場競爭比較激烈。這種市場是不宜鬥個你死我活的，結果是要兩敗俱傷的。最後六派圍攻光明頂可以看成這種爭鬥的直接後果。

說到目標，天鷹教只是獨霸市場，明教總部則是推翻代表市場的政府，打破市場架構。在這個漢人受迫的時代，提出恢復中華的口號對明教實在有點不智，不是他不能提，而是正派不認同明教來扯這個大旗，一個合法性都受到質疑的幫派想高舉當時最高尚的旗幟顯然會遭到更大的阻力。所以明教的口號還是提錯了，應該把工作重心放在建立統一戰線④上而不是又反政府又反代表「正派」的六大派。當然得罪六大派不要緊，江湖上的其他門派多著呢，但是明教又和代表下層人士的重要勢力丐幫結仇。這樣明目張膽的反對「三個代表」⑤，能有好下場就不合常理了。

策略方面，天鷹教和明教總部應該是兩種路線，大家都是MNC，在globalisation全球化的管理上，很明顯明教總部對幹部的任用上採用的是我族中心的關門主義策略⑥，這點可以從五福娃佔據高層領導地位近三十年看出。看回天鷹教手下《倚天》第五回〈皓臂似玉梅花妝〉的朱雀壇壇主常金鵬於瞬息間誘敵破敵，不但武功驚人，而且陰險毒辣，十分工於心計；玄武壇壇主白龜壽內功深厚；天微堂堂主李天垣、青龍壇程壇主、神蛇壇封壇主乃至於殷無福、無祿、無壽等原來都是極厲害的人物，但來源不一，算是真正做到全球本土化。這些人基本瞭解本地市場，成功打開市場自然不在話下。

在對付競爭對手上，天鷹教倚仗優勢，對敵人不留餘地，這是因為對手太差，天鷹教成了市場規矩的設定者的原因。但是處於雙頭壟斷的情況下的明教總部也採用這一策略，在爭奪市場控制權時，就因為對手有足夠的反擊力量而鬧出危機來了。這個情況下的明教總部應該做的不是攻擊而是共謀，這樣才能把餅做大——擴大市場基礎，餅做大了，大家都有利益才不會有人反對你當武林至尊。

這一策略要等到張無忌先生從萬安寺裏救出眾人之後才得以實現。統一市場的時間足足推遲了近三十年，要不是有張無忌聖火早就熄滅了。明教總部諸人一早懂得這個道理，那裏輪得到朱元璋來當皇帝？那個新朝太祖不是楊逍就是殷天正或五福娃之一了，可惜陽頂天死的早，總部裏那幾個拿主意的人，只顧著爭權奪利，讀書至此不免為他們可惜一番。

PS.五福娃一說出自新垣平先生的《劍橋版倚天屠龍史》，不過他的解釋是福娃是蝠王的音轉，總不如小娃子切題。當時已經有心，今日終能踵其事而增華，不亦快哉？

註釋

①或譯做遠景、遠見，在九零年代盛行一時。所謂遠景，由組織內部的成員所制訂，藉由團隊討論，獲得組織一致的共識，形成大家願意全力以赴的未來方向。

②多國公司（Multi-national Cooperation）指那種擁有遍佈全球的子公司或銷售網絡的大公司。

③壟斷市場（monopoly），是一種與競爭市場相對立的極端形式的市場類型。壟斷市場也叫做純粹壟斷市場或完全壟斷市場。壟斷一詞出自於希臘語，意思是「一個銷售者」，也就是指某一個人控制了一個產品的全部市場供給。因而，完全壟斷市場，就是指只有唯一一

個供給者的市場類型。

④統一戰線（a united front），不同集團的人為了相同目的結成的共同陣營，多用於戰爭時期。出處：本朝太祖《論反對日本帝國主義的策略》：「目前的時局，要求我們勇敢地拋棄關門主義，採取廣泛的統一戰線，防止冒險主義。」

⑤江澤民所提（一）我們黨要始終代表中國先進生產力的發展要求；（二）我們黨要始終代表中國先進文化的前進方向；（三）我們黨要始終代表中國最廣大人民的根本利益。

⑥關門主義：指中共黨組織發展工作中的一種偏向，即忽視或以各種理由拒絕接收符合黨員條件的同志入黨。

第八章 福威鏢局——一間大型物流機構的垮臺

笑傲

鏢局算得上是武俠小說中最常見的半商業半武術團體了，金庸自然不能免俗的要經常提到。給我印像最深的大概就是福威鏢局了，不是為了林平之這個悲劇性人物，而是為了這家金書中最強的物流公司的倒閉。

說鏢局是物流公司那是因為他基本符合中國國家發展改革委、商務部、公安部、鐵道部、交通部、海關總署、稅務總局、民航總局、工商總局聯合制定的《關於促進我國現代物流業發展的意見》中對物流企業的定義：「物流企業是指具備或租用必要的運輸工具和倉儲設施，至少具有從事運輸（或運輸代理）和倉儲兩種以上經營範圍，能夠提供運輸、代理、倉儲、裝卸、加工、整理、配送等一體化服務，並具有與自身業務相適應的資訊管理系統，經工商行政管理部門登記註冊，實行獨立核算、自負盈虧、獨立承擔民事責任的經濟組織。」

那個時代沒有登記註冊這回事，但從接到運到交貨可都是一手包辦，比現在打遊擊的小型物流公司強多了，既是貨代同時又是承運人。福威鏢局的貨接遍中國十省，放在今天也就只有中國郵政①或中外運②可以和他較較勁，可是大家不要忘了中國郵政是國企，中外運原來也是國企！福威鏢局一個地方性民營企業而已。

福威鏢局失敗了，未能發展成中國的DHL③或FEDEX④，原因還是出在林平之的父親林震南的身上。

林震南，男性，可能是漢族（他父親是林遠圖收養的，書裏沒提到林震南父親，在沒有明顯證據的情況下只能算他父親是漢族，因為漢族人口相對其他民族為多，撞對的機會比較大），身份是福威物流集團的董事長。專長是一套沒有《葵花寶典》配合的辟邪劍法，最大成就是擴充福威物流集團的市場佔有率，由原來的四省變成十省，增長率高達百分之一百五十⑤，放在今天肯定能壟斷全國的物流業。可惜的是他生在古代，而且福威物流集團的經營環境是金庸筆下那個拳頭決定一切的時代，所以福威物流集團的由盛而衰是可以預見的。

詩曰：

震南開拓果高明，浩蕩鏢車十省行。
武技生疏無所謂，人頭熟絡盡交情。
薄冰常履忘調整，險道多經買事精。

過度擴張成後患，羔羊不免被人烹。

林震南董事長其實很有開拓精神，把四省地盤搗弄成十省就是一個證明。書裏沒有明說這另外六省是怎麼開創的，但卻告訴我們原來那四省是林遠圖打出來的，靠的就是拳頭。從《笑傲》第一回〈滅門〉林震南董事長和兒子的對話中我們知道他的經商理念——「咱們吃鏢行飯的，第一須得人頭熟，手面寬，這『交情』二字，倒比真刀真槍的功夫還要緊些。」所以我們可以肯定他採用了銀彈攻勢。天下熙熙，皆為利來，天下攘攘，皆為利往[6]，只要有了共同利益一卻都好辦。我們更可以肯定他花了不少錢來建立交情，連遠在四川的青城都套上關係。交情者，關係也，關係是一個網絡，這個網絡由各利益相關人組成，這個網絡也有經濟規模效益，所以越大越好，因為這個緣故林震南董事長才想把關係網拉到四川去。

讓我們來看林震南董事長的關係網，最有實力的是他岳父洛陽的金刀無敵王元霸，不過王元霸家這門親事估計是林震南董事長的父親替他訂下的。林震南董事長的父親同樣沒學過《葵花寶典》，所以武功比林震南董事長好不了多少，方以類聚，物以群分，王元霸的功夫自然也不見得高明到那裏去，這點看《笑傲》第一回〈滅門〉王夫人母子居然打不過一個青城低手方人智就知道了。由此可見依附在福威物流集團旁邊的都是一些實力（武功）比福威物流集團差的企業。之所以跟著福威物流集團不過是因為有個當年威震江湖，當真說得上打遍天下無敵手的林遠圖，好聽點說想靠依附借福威物流集團這品牌來發展自己而已，說難聽點，那是狐假虎威罷了。

當時福威物流集團的生意還是做得不錯的，「物流」（logistics）就是指「物資流通」，主要工作是在指定的時限之內，以最具競爭力的成本，將付貨人的貨物送抵目的地，讓付貨人可以專注其核心業務，縮短業務周轉時間。憑借十省連網，福威物流集團可以找到最短最快同時也是最安全的路程送貨，這點對節省運輸成本很有用。由於關係好，路上的危險性相對比較少，所以不必花大價錢去請武功高強的送貨員，這又節省了工資的支出，所以我們最後也看到即使是總公司的送貨員們也都全部不堪一擊！

事實上林震南董事長如果有好好的分析一下自身所處的大環境，就會明白自己的公司是在弱肉強食的江湖夾縫中生存，自己的武功和威望比爺爺林遠圖差太多了。否則第一回峨嵋派的金光上人也不會對他不理不睬，把禮物退回了。核心競爭能力是指企業開發獨特產品、發展獨特技術和發明獨特營銷手段的能力。而古代物流業的核心競爭力來自社會關係網絡[7]更來自本身的武功。所以《笑傲》第一回〈滅門〉林震南董事長說江湖上的事，名頭佔了兩成，功夫佔了兩成，餘下的六成，卻要靠黑白兩道的朋友們賞臉了。雖然不知道自己的武功不行，但他可明白一旦有事及不上人家人多勢眾，所以林震南董事長絕對應該找一家大型企業的品牌來進行依附，實施品牌背書⑧，方法很簡單，把自己的兒子送到武當或少林進修。我想林家有的是錢，武當和少林這兩家當時的最高級的學店，也會需要這樣有錢的學生的，只要搭上武當或少林甚至五嶽劍派的線，余滄海再怎麼大膽也不敢那麼明目張膽的強行收購福威物流集團的。這時的背書品牌除了能借助別人品牌的影響力來提高自身的品牌知名度外，還能讓客戶對自己更有信心——強強聯手，同時只要形成利益輸送鏈條，那麼對手在攻擊福威物流集團之前一定要考慮福威物流集團借助的品牌的反應，可以大大提高生存能力！背書品牌也有失敗的例子，《倚天》中的龍門物流公司的都大錦董事長是少林弟子，還是照樣給人滅了門。但這是特例，人家得罪的可是後來統治天下的明教，和余滄海地方性的青城派不可同日而語。

可以說林震南董事長失敗在沒有一套全面的策略，只是注重佔了六成的交情，而且還錯誤的把精力投放在對自己企業無用的交情上！可是林震南董事長的父親同樣的策略失當——在背書品牌方面，又為什麼沒事？這裏有兩個原因，一者林遠圖餘威猶在，二來他沒有盲目擴展！是的！盲目擴展害了福威物流集團，福威物流集團在短短二十幾年間版圖擴充百分之一百五十。（按林平之十九歲仍未婚，也未接管福威物流集團，好像沒見過爺爺，所以估計林震南董事長在林平之出生前後，父親死後接管福威物流集團，掌權時間不會太長，也就二十年左右，再遠了去就不符合當年的結婚生育規律了。）

林震南董事長把福威物流集團擴大，但是機構和策略並未隨之調整，適應環境需要。要知道銷量／市場大了，在市場上出現意外事故的機會也同樣增加。為了應付這些突發事故，林震南董事長絕對應該多找幾個武功高強的人幫手，從《笑傲》第二回〈聆秘〉長沙分公司輕易被挑，我們可以看出林震南董事長手下的業務經理的業務水平還是不過關的。當然人多也是一個可以彌補缺點的方法，但是我們似乎看不到人多勢眾的證明。基本可以肯定，市場擴展到十省，而業務經理只是之前四省幹銷售那些人突擊提幹出來的。

這個世界實在沒有什麼比迅速做大做強更吸引企業家的了，林震南董事長是企業家，自然也想做大，但是他太迷信交情了，所以也就沒去考慮做強的問題了，變成大而不強，被吞併那是遲早的事。同時公司大了，之前架設的系統和策略都不合用了。戴爾是世界上增長最快的公司之一，但其總裁邁克爾．戴爾在自傳中，卻表述了一個高速發展公司的CEO如何面對危機：「到一九九二年底，我們成長得太迅猛，收入超過二十億美金，但公司的基礎架構仍然是一家五億美金的公司，幾年前架設的每一種系統都不合用，大多數公司的發展和成熟都比我們慢許多，但他們在規模尚小的時候所學到的基本程式，我們這時候必須回頭認識。」沒有認識到這一點的林震南董事長把舊有的一套用在長大了的福威物流集團上。結果正如以市值僅十多億美元的盈動，鯨吞市值三百億美元的香港電訊後的電訊盈科[9]，沒有想過要調整架構的電訊盈科，在科網股爆破後，再經過合股，這幾年股價一直在兩、三元間波動，終於成為傳頌一時的電訊仍Fall[10]。

福威鏢局的病症在於大而不強，林董事長給自己的企業建立了一個錯誤的企業文化，導致企業在盲目擴張的同時，沒有形成自己的核心競爭力。在這種情況下，林董事長應該急流勇退，在江湖上為福威鏢局挑選一個優秀的職業經理人，再給予合理的股權分配。這個人選可以是令狐沖，那是華山派的第一高徒。就憑借這塊招牌，即使令狐沖沒有練過獨孤九劍，想必江湖匪類也不敢輕易打福威鏢局的主意。不過岳不群對福威物流集團也是虎視眈眈，恐怕也不是長遠之策。最好是找任盈盈。任盈盈有極為豐富的社會資源，看看《笑傲》第十七回〈傾心〉在五霸崗那一大幫人就可知道她的號召力，又有幹大事的才能，但卻整天無事可幹。所以聘請盈盈擔任福威鏢局的CEO，正可謂投其所好。而且盈盈正處情竇初開之時，如果在見到令狐沖之前先見到了我們當時江湖第一小帥哥林平之的話，難免不為其傾心。

另外根據金書的定律，物流集團的最優大小是四省，《書劍》中的北京鎮遠鏢局總鏢頭威鎮河朔王維揚武功不弱也就是控制了四省。林遠圖功夫更好控制的也只是四省，可見四省是金書規模上的極限，超過四省在管理乃至運作上一定會出現問題。林震南董事長是商業奇才，應該知道這一定律，過分自信令他違背了這一定律。現實中沒有遵循時代發展趨勢，遵循規律的做大做強，無異於自尋死路。而在金書裏違背市場規律或者作者規律的結果是家破人亡，這個教訓太深刻了。

當福威物流集團控制十省市場時，林震南董事長沒有發現危機正在向他逼近，缺少危機感才是最大的危機。如果他不是盲目自信以為把所有分局好手集中起來，實力也不見得比青城派差，那麼他不會擴張的這麼快，這樣一來留在他身邊的送貨員可能會多一點，他的企業會更緊密一點，更難被收購一點。而他也不會去接觸余滄海，這樣當余滄海的人來到福州他就會有所警覺，採取一點防禦措施，或者這點防禦措施可以挽救他的企業和生命。不過這些也只是假設而已，林震南董事長既然沒有選擇生於憂患，死於安樂，那最後他也就只能生於安樂，死於憂患了！

註釋

①中國郵政（China Post）一九四九年十一月一日，中華人民共和國郵電部隨掌控大陸領土的中華人民共和國而成立，同年十二月郵電部召開全國郵政會議，將原中華民國郵政的產業變更為中國人民郵政所有；十二月二十七日，中央郵政經濟委員會第九次會議決定成立郵政總局。一九九四年三月一日，國務院批准郵電部機構改革方案，郵政總局由機關行政序列分離，成為專業核算的企業局。一九九五年十月四日，郵政總局在中華人民共和國工商行政管理局註冊了企業法人營業執照，獲得法人資格，企業名稱為「中國郵電郵政總局」，簡稱「中國郵政」。

②中外運公司（Sinotrans）成立於一九五零年，是以海、陸、空國際貨運代理業務為主，集海上運輸、航空運輸、航空快遞、鐵路運輸、國際多式聯運、汽車運輸、倉儲、船舶經營和管理、船舶租賃、船務代理、綜合物流為一體的國際化大型現代綜合物流企業集團，是國資委直屬管理的一百六十六家中央企業和國務院批准的一百二十家大型試點企業集團之一。

③DHL（敦豪航空貨運公司），公司的名稱「DHL」由三位創始人姓氏的首字母組成（Dalsey, Hillblom and Lynn）。是一家創立自美國，目前為德國與美國合資的速遞貨運公司，是目前世界上最大的航空速遞貨運公司之一。

④聯邦快遞（NYSE：FDX）是一家國際性速遞集團，提供隔夜快遞、地面快遞、重型貨物運送、文件複印及物流服務，總部設於美國田納西州。其品牌商標FedEx是由公司原來的英文名稱Federal Express合併而成。其標誌中的「E」和旁邊的「x」剛好組成一個反白的箭頭圖案。

⑤《笑傲》第一回：林震南又噴了一口煙，說道：「你爹爹手底下的武功，自是勝不過你曾祖父，也未必及得上你爺爺，然而這份經營鏢局子的本事，卻可說是強爺勝祖了。從福建往南到廣東，往北到浙江、江蘇，這四省的基業，是你曾祖闖出來的。山東、河北、兩湖、江西和廣西六省的天下，卻是你爹爹手裏創的。」

⑥此句出自司馬遷《史記・貨殖列傳》。

⑦關係（guanxi）是一種複雜且普遍的關係網絡，這些網絡中包含共同的責任義務（obligations），了解（understanding）、確認（assurances），以及一種克服競爭與策略不足的策略機制。（Xin, K. R.,

& Pearce, J. L. (1996). Guanxi: Connections as substitutes for formal institutional support. Academy of Management Journal, 39 (6), 1641-1658.）

⑧背書品牌（Endorsed Brand）指出現在一個品牌背後的支持性品牌。通過依附強勢品牌，提供一個證明自己實力的支持。

⑨二零零零年三月，李澤楷通過旗下盈科數碼動力有限公司借債港幣九百億元鯨吞香港電訊，兩者合併為電訊盈科。其後這家香港最大的電訊運營商一度躍居香港上市公司市值前三位，股價曾高過一百二十港元。

⑩電訊仍Fall （原曲：好心分手）

（引用自網上資料）

是否很驚訝　講不出說話
又試繼續跌　跌穿一蚊啦
曾給我存幻想 Hi-Tech好景
何解會衰到咁低價　你知嗎

回頭望 廿八蚊 為何那時未沽貨
彈兩仙 又再Fall 成為蟹民是我傻
電訊股 全面跌 糊塗賬目也增多
沒遠景 負債多 Hi-Tech泡泡已驚破

來年賬目也坎坷 Fund佬天天沽貨
人人四面聽楚歌 淡勢自然繼續
大市好過仍獨挫 若寄望有朝返家鄉
不如劃張 Mark Six 好過

第九章　退思龍沙幫——《連城訣》中的凌退思連城訣

凌退思一個奇怪的人物，既是翰林又是兩湖龍沙幫中的大龍頭，更是荊州知府。在第三回〈人淡如菊〉，凌退思的女兒凌霜華說她家祖上其實也是武林中人，只不過凌退思去做了官，雖然考中進士，做過翰林，其實是兩湖龍沙幫中的大龍頭，算得上文武全才了。從這句話我們幾乎可以肯定凌退思原來就是龍沙幫的大龍頭，後來才去做荊州知府。一個當官的幫會首領，在任何時候都不多見，尤其當的是知府這樣的行政長官在歷史上可以說絕無僅有，民國時期也有又當方面大員又加入幫會的，但那多是當了官再入幫的。凌退思這個人是先入幫會再當官，可以說是古代版的無間道了。

詩曰：

才兼文武入宦途，尋寶荊州勢竟孤。
兩地空居偏退貨，十年買櫝卻還珠。
獄中丁典傳詩訣，樓裏霜華祭匕圖。

數載為官兵幾個，反戈一擊命全無。

沒正式說之前我們還是要瞭解一下《連城訣》的背景年代。書裏有《唐詩選輯》可見事情發生在唐朝之後。凌退思是荊州知府，而《連城訣》第一回〈鄉下人進城〉即有「當晚萬震山大張筵席，款待前來賀壽的賀客。他是荊州的大紳士，壽堂中懸了荊州府凌知府、江陵縣尚知縣送的壽幛，金光閃閃，好不風光。」可知當時有個荊州府，可荊州府是朱元璋稱吳王之後才設置的，到了清朝這個名字還在用。所以我們可以肯定故事是明或清朝的故事。雖然插圖是清裝，金大俠也不否認。只是到了第五回〈老鼠湯〉狄雲遇上寶象拔頭髮時我們沒見他解開辮子，可見他沒紮辮子，如果是清朝，沒紮辮子的話那是殺頭的罪過，狄雲不是搞反清復明的，不紮辮子是金大俠疏忽了。

龍沙幫是怎麼樣一個幫會，書上可沒說。凌退思只是翰林，清朝的翰林最高級的是翰林院掌院學士只是從二品的官，凌退思估計沒有這樣的文才，他的翰林估計也就是個正七品的閒官，年俸祿才給銀四十五兩，祿米四十五斛①，窮文富武但是要凌退思能出數萬兩銀子得到知府的官又似乎有點不容易，其中少不了有龍沙幫的支援。最主要的是大龍頭當這個官是為幫裏出力，就算凌退思家裏再有錢，這筆錢也不應該由他私人出的，所以龍沙幫的環境還是不錯的。

那麼我們的大龍頭想為龍沙幫幹點什麼？尋找梁元帝聚斂的財寶是也，找到了自然想要由龍沙幫獨佔，可是龍沙幫的根基在長沙，寶藏在荊州，如果勞師動眾把所有人叫去那是不行的。這裏有個原因，開始時凌退思並不知道確切地點，把所有人叫去，不用太久，一年半載龍沙幫就供養不起了，況且舊中國幫會成員都是有正當職業的居民，要人家為了一個不知道什麼時候才能找到的寶藏離鄉背井實在說不過去。然而，要想獨佔非要人多勢眾不可，可是最後找到了寶藏，凌退思居然只能領著數十名兵丁去和人爭奪！

八九年哪（根據第三回〈人淡如菊〉丁典坐了七年牢，之前凌退思已經是知府了，加上狄雲出來之後的大半年，沒九年也有八年了），凌退思當了八九年的荊州知府，到最後居然只有數十名兵丁可用。這只能說凌退思雖然是大龍頭對龍沙幫發展並不怎麼在意，採用世界銀行的機構能力評估（Assessment of Institutional Capabilities）我們知道龍沙幫的目的是獨佔寶藏，獨佔寶藏需要先找到寶藏，找到寶藏需要知道劍訣的丁典，從丁典那裏得到劍訣又需要知道劍招才能知道地點。知道地點要靠梅念笙的徒弟，他是結交了萬震山，可萬震山會告訴他嗎？就算會，知道地點的下一步是獨佔，獨佔需要人力！而龍沙幫竟然沒人？所以如果寶藏沒有毒，一場混戰之後凌退思和龍沙幫能搶到多少東西我很懷疑，能保住小命就不錯了。

丁典說凌退思文武全才，可是對於從丁典口中得知口訣這點，凌退思居然只有每月十五拉他出去打一頓的方法！即使凌退思沒讀過什麼商業或廣告學，他也應該知道這裏出了個溝通問題，他不是文武全才麼？溝通的程式來來去去就是凌退思透過每月十五打丁典一頓告訴丁典他想知道劍訣，而丁典的反應是不理不睬。正常人是應該對這個反應加以分析，找出突破口，凌退思可沒有，同一方法用了七年，這那裏有一點當大龍頭和知府應有的精明！

凌退思知道丁典愛極他的女兒，怎麼會沒想到用美人計來套口風？凌退思的家族也是武林中人，又那裏會有因為丁典是草莽布衣辱沒了他門楣想殺丁典的事？最大的問題是凌退思居然在知道丁典武功恢復之後的兩年才「殺」死自己的女兒來向丁典下毒，多麼不合理，要下毒在給丁典的食物中下就可以了。

這一切都讓我們覺得凌退思的能力和職位不相襯！所以我們有理由相信，凌退思雖然是大龍頭，但並不能控制幫眾，甚至還被幫眾控制架空。加入幫會組織的凌退思也要受到幫會規章制度的約束、改造，並不能在幫會中依然為所欲為。正如勒龐②指出的那樣，加入群體的個人「有意識人格消失，無意識人格得勢」，「他不再是他自己」，因為他要受到所加入的群體的影響。雖然凌退思有權有錢，如果願意官可以做的很大，但是他是大龍頭，一名特殊的幫會成員而已，龍沙幫的成員不允許他全身而退，那他就只有把這個知府當下去。

很可能凌退思在推想出寶藏地點之後，和幫裏的兄弟說了一通炫耀了一下，於是幫裏的兄弟說既然這樣我們去把這寶藏挖出來。當時就興沖沖的幫凌退思去弄了個荊州知府來當當，畢竟書讀得最多的就是他了。三年清知府，十萬雪花銀，七八年知府當下來，又富又貴，凌退思可能根本沒有再去想什麼寶藏。凌霜華說：「我爹爹是最疼我的，自從我媽死後，我說什麼他都答允。」（第三回〈人淡如菊〉）這點應該是真的，但是丁典身懷劍訣的事很多人都知道的，我們可以肯定這點連龍沙幫的實力派也知道了，所以丁典的身份一暴露他們就要挾凌退思對付丁典，可能還是用凌霜華來威脅他。凌退思沒有辦法可想之下只能照做，可是他還是消極抵抗了，沒有擡出自己的女兒來用上美人計對付丁典。可以想像凌退思將女兒另行許配別人，正是想讓女兒不必牽涉其中。這點凌霜華和丁典是不會明白的。

說他被手下所制，有個事大家一定記得，凌退思悶死凌霜華那是丁典武功恢復之後兩年的事。可以想像這時來自龍沙幫的壓力一定不小，頂了兩年，凌退思終於頂不住了。我們甚至可以懷疑凌霜華是被某位龍沙幫的人物裝進棺裏，然後這人又給凌退思出了條在棺面塗毒的計策。你說被手下控制的凌退思又能怎麼樣，他也是人，也要保命。當凌知府長歎一聲，道：「丁大俠，咱們落到今日的結果，你說有什麼好處？」（第三回〈人淡如菊〉）那個結果二字除了指凌霜華之死，恐怕還有自己被人控制的意思。如果丁典在那兩年中肯單獨和凌退思談一談，他就會發現凌退思已經被架空，更可能可以幫凌退思奪回控制權，但丁典沒有這麼做，也沒這麼想，這才是真正的溝通失靈。所以害死凌霜華的是丁典而不是凌退思！

前面說在找到寶藏之前凌退思絕對要在荊州發展勢力。發展勢力有兩種方法，一是利用凌退思當荊州知府的權力和方便在荊州發展龍沙幫，帶去的人沒有龍沙幫的人，所以這種方法並未為龍沙幫採用。第二種方法是結交武將控制足夠的軍隊，但他只有數十名兵丁，可見這種方法也沒有被採用。這兩種方法都需要錢，連任知府又要花錢，一個地區性幫會（長沙市）能弄到多少錢？這個時候凌退思如果真的為幫會著想，應該把自己的財產拿出來，作為啟動在荊州發展的資金，這事一開頭，有了人就可以搞點非法活動斂財了。凌退思也沒積極去進行這事，可見他對幫會發展這重要問題並不關心，有點事不關己的味道，如果不是已經被架空，管不來那就很難解釋了。

表一：龍沙幫的機構能力評估（Assessment of Institutional Capabilities）

目的	要的結果	要做的事	需要的人	刺激人的行動	成功最需要的刺激
寶藏所在	劍招順序	籠絡萬震山	萬震山	錢	
	劍訣內容	籠絡丁典	凌霜華	愛情	親情打動
獨佔寶藏	人多	收會員	其他成員	錢	
		交武將	凌退思	錢	

凌退思的失敗是他領導能力的失敗，這點在他加入龍沙幫的時候就已經存在了。一個讀書人領導一個幫會，秀才造反，十年不成，可以想像幫會成員比他更瞭解如何運作這個幫會。他所能提供的只是發掘出寶藏在荊州這個秘密的專業知識，其他方面會眾並不需要他的意見。這一來他的權威就受到削弱，最後還要被架空。如果凌退思能利用自己的權力——知識和官位，來控制龍沙幫，把龍沙幫在荊州發展壯大，有了自己的幫底，那麼也許他的女兒和丁典都不用死。

凌退思也許才是金書中最可憐的人，當一個被架空的大龍頭還要搭上自己的女兒，最後《連城訣》第十二回〈大寶藏〉知道寶藏所在，不帶幫眾而帶手下兵丁去，也許就是他對龍沙幫的反戈一擊，只是這一擊卻又賠上了自己的生命。

註釋

①四十五斛米，一斛約一百四十斤——七十公斤，百佳五公斤裝的中國大米才賣港幣五十元多一點，凌退思當翰林一年的祿也就三萬一千多元。清朝中晚期每兩銀價值約一百二十元——一百七十五元港幣，凌退思一年的年俸往多了算就是七千八元，總平均月收入也就三千多點。《紅樓夢》中，劉姥姥兩進大觀園打秋風劉姥姥看到賈府上下一餐螃蟹二十四兩銀子，感嘆說小戶人家可以過一年了。凌退思多少是個官，有他的排場搖擺，還要和上下級官員打打關係，如果不算其他非法收入，凌退思一年的工資還不夠他請人吃幾頓螃蟹，都是窮人的孩子啊！難怪要打梁元帝寶藏的主意。

②法國思想家古斯塔夫・勒龐（法語：Gustave Le Bon，一八四一——一九三一），法國社會心理學家、社會學家，以其對於群體心理的研究而聞名。《烏合之眾：大眾心理研究》（The Crowd 一九八五）。

第十章　不要品牌的太岳四俠

鴛鴦刀

《鴛鴦刀》是金庸第二短的武俠小說，最引（經濟）人入勝的應該是開頭周威信初遇太岳四俠時，對周威信的心理描寫，那心態的表達很有博弈論①的味道。看到四人不把一隊七十來人的鏢隊瞧在眼裏，就把一個周威信嚇得落荒而逃，典型的一個資訊不對稱②。這個時候太岳四俠倘若不要那連自己都不知道是什麼的寶貝，而要銀子的話，肯定大有收穫。那周威信一早打好主意這十萬兩的鏢銀，是隨時要給人搶去的，偏偏太岳四俠就去要關係周威信家人性命的寶物。太岳四俠要「寶物」那是用來送禮的，可是搶上十萬兩銀子什麼寶物買不到？太岳四俠的行為似乎就是一個典型的失敗小企業。

詩曰：

人心揣度顯奇能，送禮居然不愛財。
趾骨不疼貓膩現，突圍輕易惹嫌猜。
半和未與通消息，太岳憑何竟自來？

不要品牌磚引玉，天雄落網也應該。

太岳環球集團（一般的小企業名字都很大氣）是一家私人貿易公司，公司組成比較簡單，老總是逍遙子，副總裁是常長風，財務總監是花劍影（從他身上能掏出錢來給袁冠南這點看，這人肯定是財務了），銷售兼公關經理叫蓋一鳴（他也給過錢袁冠南，公司裏最有油水的單位除了財務就數銷售了，銷售經理一位非他莫屬了）。因為該公司不具備生產能力，所以只能從事向來往鏢隊抽取傭金的行業，抽取傭金那自然是貿易公司了。這家公司第一次行動，做了四筆生意，第一二筆沒賺到錢還受了點傷，第三筆居然虧了本，出現負現金流，第四筆總算撈了一小把，但相對於第一筆生意可能得到是十萬兩銀子，其損失十分巨大。

太岳環球集團一開始就把中小企業能犯的錯誤全犯了，是個典型的反面教材。

可以看出太岳環球集團對自己公司的市場定位③一點不清楚，這是導致失敗的原因。太岳環球集團沒把自己定位為中小企業，如果有他們就不會想要去挑戰對他們來說是大企業的威信鏢局。當然事實上還是有挑戰成功的例子，白髮婆婆、老乞丐和美貌大姑娘就是當年最好的例證。

作為貿易公司，名字——品牌是很重要的，太岳四俠的名字改得很好，見多識廣的袁楊二夫人聽了都以為他們是世外高人。要知道品牌不只是大公司的事，而是做好任何企業都要首先考慮的事，打響牌子也就打出名堂，當然這名字是要合乎潮流的，當時最潮的就是俠字。用上個俠字，就能像當年科網股加一網字一般，可以引來一幫沖昏頭腦的投資者投資④。不過太岳環球集團還是缺乏品牌意識，在從事這次貿易活動之前並未建立自己的品牌，這點從周威信沒聽過太岳四俠這一品牌可以看到。要說武林中強勝弱敗，但給自己造點勢讓人以為自己多厲害還是可以的，公關經理蓋一鳴絕對可以先在周圍的市鎮宣揚一下太岳環球集團多有實力。這一來，遇上周威信時，一報名號，當時的周威信和一群鏢師恐怕真的要留下鏢銀投資在歷史上第一隻概念股⑤上，這就做成一筆無本生利的大生意。

不過有品牌，還要營銷策略⑥得當，才可以從小心謹慎的周威信手上敲下一筆錢來的。很可惜，太岳環球集團對「越是貌不驚人、滿不在乎的人物，越是武功了得」這一江湖戰略的瞭解和運用都十分令人失望。這一黃金定律連周威信這走慣江湖的人都深信不疑，然而太岳環球集團的銷售經理未能適當發揮貌不驚人、滿不在乎的優勢，進而逼迫周威信為了保家人的生命而開打。偏偏這打就是太岳環球集團最不擅長的，一打就露底了。營銷戰略缺失是個很大的問題，銷售經理蓋一鳴的營銷只重結果，不管過程，而恰恰正是這個談判過程的失敗，導致兩家公司的價格戰，於是基本沒有實力的太岳環球集團初戰失利。

到口的肥肉吞不下，主要還是太岳環球集團質量意識不強，單看逍遙子連穴位都認不清，就可以想像太岳環球集團質量太不過關了。但是仔細想一想質量太不過關還敢出來混，那實際就是一種賭博行為。既然是一種賭博，那麼輸贏是必然的。倘若僅是賭博，而沒有「賭」的前提和資本，那麼，最終也不會實現得到寶物的夢想。俗話說「出得來行（混），遲早要還」，太岳環球集團經歷四戰，居然能不用拿命來還，可見還是有點門道的。

說太岳環球集團有點門道還真是這樣，想一想，那副總裁常長風被墓碑砸中了他同一腳趾兩次，骨頭居然沒碎，還能活動自如，肯定已經練成金剛不壞之體。不信你拿鐵錘在腳趾錘兩下試試，估計那力度也就和墓碑砸差不多了，如果你沒事，恭喜你，你也練成金剛不壞之體了。老二如此，其他人的功夫相差應該不遠，再想想面對七十多人的圍攻，除了財務總監花劍影掛了點彩，還是全部全身而退，可見起碼這四人輕功也是不錯的。

再想一個事實，林玉龍、任飛燕、楊中慧和袁冠南四人打不過一個呼延震天公司的總裁卓天雄，而照書中的表面證供，這四人任何一個都可以對付太岳環球集團四人，但最後太岳環球集團竟然可以捉住卓天雄，這才是奇事。卓天雄只是傷了腳，手上的震天三十掌還是可以正常發揮的，就算打個五折對付太岳環球集團還是遊刃有餘的，居然落在太岳環球集團的手上，唯一的解釋就是這太岳環球集團是深藏不露的武林高手。

現在我們可以考慮太岳環球集團的來歷了，蕭半和說他一心要奪回寶刀，以慰袁楊二位英雄之靈，沒再小心掩飾行藏。這奪刀的事肯定不會一個人去完成的，一定有幫手。可以找的就只有他父親的七個結義兄弟的後人了，而太岳環球集團正是後人之四，他們和蕭半和時常聯絡。另外蕭半和跟他們的武功應該不相上下，這就解釋了卓天雄落在他們手上的原因。當蕭半和知道川陝總督得了鴛鴦刀就計劃搶奪，可是又不知這刀用什麼方法送，由誰送，所以才讓太岳環球集團守在路上，逢人就要寶物。這一試就把周威信給試出來了。可以想像太岳環球集團是化名，所以周威信並不知道，但周威信眼力還是有的，看出太岳環球集團的厲害才會逃走，周威信一逃，太岳環球集團一想這樣重要的東西不會由這麼膽小的人送的，無意殺人，假裝打不過撤退了。接著太岳環球集團又測試了林玉龍、任飛燕、楊中慧和袁冠南四人，發現都不是正主。只好回去跟蕭半和覆命。

為了掩人耳目太岳環球集團到蕭半和家時就故作不識，結果連袁楊二夫人都騙過了。但他們和蕭半和之間肯定有一套特別聯絡的方法，要不然蕭半和率領家人出城上了中條山，那時太岳環球集團還在河邊捉碧血金蟾呢，沒人通知，他們又是如何找得到蕭半和他們躲避的山洞？不會是他們有什麼GPS全球定位系統吧[7]？所以我們幾乎可以肯定太岳環球集團的不堪一擊是裝出來的，太岳環球集團不過是他們創立來釣卓天雄這條大鱷的，所以太岳環球集團的品牌要不要對他們沒什麼關係。太岳四俠向蕭半和募集資金建立太岳環球集團這個第三機構，然後他們故意在股市上分四次大量拋空太岳環球集團的股票，騙得卓天雄這條大鱷以為太岳環球集團的股票已經嚴重超賣[8]，馬上趁低吸納。等到卓天雄把呼延震天公司的資金都套在太岳環球集團這只長跌長有的八、九線股票上，太岳環球集團突然動用大筆現金，惡意收購[9]了呼延震天公司，活捉該公司總裁卓天雄。

這樣看來太岳環球集團實在是清朝最高明的收購專家！

註釋

①博弈論（Game Theory），博弈論是指研究多個個體或團隊之間在特定條件制約下的對局中利用相關方的策略，而實施對應策略的學科。

②資訊不對稱理論(Asymmetric Information Theory)是指在市場經濟活動中，各類人員對有關

信息的瞭解是有差異的；掌握信息比較充分的人員，往往處於比較有利的地位，而信息貧乏的人員，則處於比較不利的地位。資訊不對稱理論是由三位美國經濟學家——約瑟夫•斯蒂格利茨（Joseph E. Stiglitz）、喬治•阿克爾洛夫（George A. Akerlof）和邁克爾•斯彭斯（Andrew Michael Spence）提出的。該理論認為：市場中賣方比買方更瞭解有關商品的各種信息；掌握更多信息的一方可以通過向信息貧乏的一方傳遞可靠信息而在市場中獲益；買賣雙方中擁有信息較少的一方會努力從另一方獲取信息；市場信號顯示在一定程度上可以彌補信息不對稱的問題；信息不對稱是市場經濟的弊病，要想減少信息不對稱對經濟產生的危害，政府應在市場體系中發揮強有力的作用。

③市場定位（Market Positioning）是在上世紀七十年代由美國營銷學家艾・里斯（Al Ries）和傑克・特勞特（Jack Trout）提出的，是指企業根據競爭者現有產品在市場上所處的位置，針對顧客對該類產品某些特徵或屬性的重視程度，為本企業產品塑造與眾不同的，給人印象鮮明的形象，並將這種形象生動地傳遞給顧客，從而使該產品在市場上確定適當的位置。

④一九九四年，Mosaic瀏覽器及全球資訊網的出現，令互聯網開始引起公眾注意。

一九九八——一九九九年的低利率，幫助了啟動資金總額的增長。在這些企業家中，大部分缺乏切實可行的計劃和管理能力，卻由於新穎的「DOT COM」概念，仍能將創意出售給投資者。這些股票的新奇性，加上公司難以估價，把許多股票推上了令人瞠目結舌的高度，並令公司的原始控股股東紙面富貴。一小部分公司的創始人在.com股市泡沫的初期公司上市是獲得了巨大的財富。這些成功使得泡沫更加活躍，繁榮期吸引了大量前所未有的個人投資，媒體報道了人們甚至辭掉工作專職炒股的現象。

⑤概念股是與業績股相對而言的。業績股需要有良好的業績支撐。概念股則是依靠某一種題材比如資產重組概念，奧運概念，中國概念股。

⑥營銷策略（Marketing Strategy）是指企業在現代市場營銷觀念下，為實現其經營目標，對一定時期內市場營銷發展的總體設想和規劃。

⑦GPS是英文Global Positioning System（全球定位系統）的簡稱。GPS起始於一九五八年美國軍方的一個項目，一九六四年投入使用。　第二次大戰時，美國麻省理工學院無線電實驗室成功的開發了精密導航系統，以利用陸地上的無線電基地台為架構，計算無線電波長及電波達到的時間並以三角定位法計算出自己所在的位置，以當時的技術來說，雖然誤差

到達一公里以上，但在當時的運用卻是相當廣泛。當一九五七年蘇聯成功的發射第一顆人造衛星時，美國約翰霍普金斯大學（John Hopkins University）展示了可以由人造衛星的無線電訊號的杜卜勒移動現象來定出個別的衛星運行軌道參數，雖然這只是邏輯上的一點小進展，但假如我們能夠得到衛星運行軌道參數，那麼我們就能計算出在地球上的位置。一九六零——一九七零年之間，美國和蘇聯開始研究利用軍事衛星來做導航用途，到了一九七四年，軍方對GPS做了整合。二十世紀八十年代，美國陸海空三軍聯合研製了新一代衛星定位系統GPS。主要目的是為陸海空三大領域提供實時、全天候和全球性的導航服務，並用於情報收集、核爆監測和應急通訊等一些軍事目的，早期僅限於軍方使用，由美國國防部所計劃發展，其目的針對軍事用途，例如戰機、船艦、車輛、人員、攻擊目的精確度定位等。經過二十餘年的研究實驗，到一九九四年，全球覆蓋率高達98%的二十四顆GPS衛星星座已布設完成。

⑧超賣（Oversold）是指就基本面因素而言，資產價格已跌至不合理的水平。

⑨惡意收購（hostile takeover）指收購公司在未經目標公司董事會允許，不管對方是否同意的情況下，所進行的收購活動。

第十一章　日月之行——日月神教

笑傲（倚天）

關於日月神教的來源眾說紛紜，金庸未曾點明，然而有考據家以明字拆為日、月，決定了日月神教是明教後身。從這點我們也可肯定《笑傲》是明朝那些事兒，否則在清朝那個文字獄盛行的年代，居然出現日月神教這樣名稱的教派，那是要被朝廷打壓甚至消滅的，日月神教存在了百年以上，這足可證明《笑傲》的時代背景。當然在舊版《笑傲》當中，日月神教原名叫做「朝陽神教」，也就是說，金老爺子一開始或許沒有要將日月神教與明教牽扯在一起的意思。雖然金學考據專家在字裏行間當中搜尋線索，有些連金老爺子自己都沒有注意的文字章節裏，發現若干可供聯想的蛛絲馬跡，但這已經不是作者的原意了，不過寫出的文章潑出的水，怎麼理解還是由讀者（包括我）決定。

詩曰：

當年明教是前身，虎口餘生未遠遁。
托與終南開日月，空言復辟沒金銀。

投懷送抱迎新主，辣手狠心賣故人。
我行華山臨絕頂，江湖一統做煙塵。

明教樹大根深，實在沒可能突然消失。同樣日月神教也是一個組織嚴密、紀律井然的地下組織。這樣一個數十萬徒眾的地下幫派，要使整個組織在全國各地分行皆運轉順暢，必定要有一套鉅細靡遺、層層分明的教條及規範，而他們的形式上又和明教頗有類同的地方，這樣一個組織同樣不可能一下子憑空冒出來。這兩者之間必然存在或多或少的聯繫。但關於兩教的傳承關係，當然不是直接的蛻變那麼簡單。

《倚天》中的明教是天生的反政府機構，即使推翻元朝，一部分人修成正果，一部分人肯定會因為分享不到勝利果實而繼續其反政府行為。明初明教的情形就如民國初年的三合會，反清的目標沒有了，一大群失去目標不事生產的人聚在一起，對國家來說肯定是一個動亂的根源，所以被打壓是意料中事。在朱元璋對明教高層進行殘殺時，我們不能不認為有部分武功好的、智慧高的逃過這一劫，這一群人有的找到當時的隱形boss終南山後。

同時明教的成員多數是平民百姓，過分嚴厲的打擊明朝建立後的明教，等於動搖明朝的統治根基。在這種投鼠忌器的情況下，明政府應該不會蠢到直接圍剿明教徒眾。明政府的策略應該是兩方面，第一方面是發展經濟，參加明教是因為明教提供了一個美好生活的遠景，人民的生活好了，明教就失去他的群眾基礎；第二手是組織或扶植一個魚目混珠的明教——日月神教，動搖明教的江湖地位，甚至還利用它來進攻過明教，這點可以參考清朝的青紅幫①。在殘殺和分化後明教的組織基本被摧毀，運作也陷入癱瘓，這點給了野心家奪取權力的可乘之機。那批逃過殘殺的高管很可能會去找他們的老教主張無忌，當然張無忌天性淡泊，又曾經被他們出賣，未必再肯出來挑這個頭，畢竟他也知道自己的領導才能有限，再怎麼搞也是就個過渡時期的虛名教主，況且現在有美相伴，實在不願去當這個冤大頭。當然不幫下場子也說不過去，所以張無忌很有可能把他們帶到終南山後，讓終南山後這個潛boss對明教進行改組和扶持。

但是這幫人那裏是聽命於人的人呢？他們找張無忌也許不外是找一個沒有主見武功高強的領導，既保護他們又方便他們上下其手，現在有了終南山後這麼一個強勢的領導，這領導還要擁有可以抗衡明教的關係和勢力網絡，長遠來說這對他們來說是不可忍受的。所以終南山後對老明教進行了重組，成為日月神教，作為終南山後擁護張無忌復辟的資本。在終南山後的保護下他們獲得一段休養生息的和平時期。然後日月神教高層最終發現明朝已經根基穩固，無法被推翻，為了權，為了合法的生存地位，也為了錢他們投靠了朱元璋。

這時的他們已經不是當年的喪家之犬，而是擁有自己武裝的一大教派，最後他們出賣了終南山後，在明政府的支持下，帶頭發動對終南山後的圍攻。在協助朱元璋消滅最後的反朱勢力後，然後他們被接納了，朱元璋把他們作為控制江湖的棋子使用。於是有著官方背景的日月神教逐漸坐大，成為江湖第一大教。同時由於日月神教對明教和終南山後的背叛，親明教的武當才會成為他的敵人。部分不願加入日月神教的明教的高管則在終南山後的安排下分別投入後來的五嶽劍派。少林武當和政府關係密切，是不敢收留他們的，只有在冒起中終南山後的附庸五嶽劍派，在需要大批廉價勞動力的情況下庇護了他們。意識形態的分別造成後來五嶽劍派和日月神教的衝突，而在日月神教剛組成而又未獲得合法地位之前，據說未來的五嶽劍派曾經搶佔他們的地盤，兩者之間有過激烈的衝突。

終南山後對明教的重組是成功的，明教機構龐雜，有護教法王、光明左右使、散人、五行旗之類的內部決策機構，這些人權力頗大，算是制約CEO的董事會了。而重組後日月神教的內部決策機構雖然也有光明左右使、神教總管、神教長老青龍、白虎、朱雀、玄武四堂，五行旗估計改成五色旗了（《笑傲》二十二回〈脫困〉秦偉邦曾經在江西任青旗旗主）身為CEO的教主對屬下操生殺之權（這些職位見《笑傲》第三十一回〈繡花〉）。

日月神教勢力龐大，如果只是明教改改名，逃避明政府的壓迫，靠宗教尤其是明教起家的明政府那裏會坐視這個潛在威脅壯大，並在可見的將來挑戰自己的統治權威？再說幾百年的老公司，架構那裏能夠說改就改了？作為一個幾近壟斷的教派，其網絡效應②已經讓明教不容易改變了。好在朱元璋的屠殺把明教的建制打散，打亂了，於是一切都可以從頭開始。一個比較明顯的終南山後影響的證明是《笑傲》第十七回〈傾心〉少林派方生說到黑木崖的人時是：「黑木崖哪一位道兄在此？」則日月神教當時應該是道教的一個分支和「明教」這個宗教沒有直接的聯繫了。終南山後的武功就有部分來自道教的全真武功和《九陰真經》，也許就是終南山後的給他們建議改奉道教作為掩護，畢竟道教的社會基礎也很厚，藉這個基礎形成一個龐大的教派也就不是一件十分困難的事了。這一來對內對原來的教眾則說是改組後的明教，可以吸納這些掉隊人士，對外則說是另起爐灶，和反政府組織劃清界線。所以日月神教是個換湯又換藥的偽明教。

日月神教作為一個「快速模仿者」（fast-follower）③，儘管進入市場的時間較其他門派晚，但通過模仿以前作為市場領軍企業的明教而迎頭趕上。模仿歸模仿，日月神教並非依樣畫葫蘆。首先明教教旨是去惡行善，聚集鄉民，不論是誰有甚危難困苦，諸教眾一齊出力相助④。而日月神教的教旨在任我行第一次當教主時和之前則是行俠仗義，這點也就是黃鍾公加入日月神教的原因，推論起來這一教義應該已經行之有年。同樣的「行善」，一個是聚集鄉民，一個只是為武林中人提供行為規範，對明政府的威脅自然以日月神教為小，所以日月神教才可以生存下來。

另外現實的需要也促使日月神教採用與明教完全不同的結構。結構的調整促使日月神教的發展。沒有結構調整的發展只能導致無效率。只要負責人能創造出把若干行政職責有效結合所必要的行政職能和結構，他們就可以把日月神教壯大起來。我們看到日月神教結構比較簡單，而且教主對各部門的控制遠比明教嚴密。

應該看到明教採用的是模擬分權制（Simulation Decentralization）的功能部門化的組織結構，為了改善經營管理，人為地把明教劃分成若干單位——護教法王、光明左右使、散人、五行旗……實行仿真獨立經營、單獨核算的一直管理組織模式。按區域把企業分成若干個「組織單元」，這些「組織單元」擁有較大的自主權，有自己的管理機構，最高層管理人員在可能的範圍內把權利分配給各「事業部」，減少自己的行政工作，集中精力於戰略性問題上的研究。這一組織對於單一產品的企業還是有效的，但對於像幫派這樣的單一產品的企業組織，顯然是不適合的。江湖不是請客吃飯，是性命相搏，模擬分權制下無法使組織中的每一個成員能夠明確自身的任務，可是各部門的領導人偏偏瞭解整個組織的全貌，在決定策略時難免出現爭執甚至出現各自為戰的局面。這也是明教最後失去對朱元璋的地方領導的控制的原因。

相反我們從日月神教的各個職能部門和人員都只負責某一個方面的職能工作，惟有最高領導層才能縱觀企業全局看到，日月神教採用的應該是職能型的簡單直線組織結構。權力的高度集中，這點有利於日月神教的統一行動。特別是面對來自各方面的諸如五嶽劍派和少林武當的挑戰，這個時候的日月神教絕對必須能夠快速反應，而不是靠召集各單元領導來決定對策。現實的殘酷迫使日月神教採取最有利保存自己的策略和組織架構。日月神教的控制應該是最有效的，透過三尸丸把教徒嚴密的聯合起來。這點和明教的單純以教義規範不同，企業文化⑤的重大差異，更加容易使人們相信兩者之間並無直接的傳承關係，也更利於日月神教這個新品牌的建立。

日月神教的出現，根據我們的推斷，那是由終南山後策劃和明政府推動的。他的壯大除了有利的市場環境——明政府為他們創造的，當然也因為他們有一個比明教適合的結構。在元末那個年代，各個門派都根據自己的愛好站了隊，站錯隊的固然要被消滅，站對了隊，站早了已經給元政府消滅，站隊晚了也被打壓，即使站隊時間恰當，但是如果威脅到明政府統治的也不能存在，這個江湖權力真空成為日月神教的發展機遇。可以懷疑明政府曾經派大內高手加入了日月神教，不然的話沒有高手就沒有生存的實力，而日月神教的發展不可能這麼迅速，並且在《笑傲》時代前八十年，從武當手上搶到「真武劍」和張三丰手書的一部《太極拳經》（《笑傲》第四十回〈曲諧〉）。書裏說偷，但兩方面都死了不少人，所以我認為搶的成分比較多。

明政府可能還幫他們訂立了很有效的策略，這策略並不是和其他門派一樣，單靠自己的徒眾，而是聯合江湖上不受重視的遊離力量。什麼五仙教、江南四友、天河幫、白蛟幫、桐柏雙奇（見《笑傲》第十七回〈傾心〉）、西海沙幫、山東黑風會、湘西排教（見《笑傲》第二十五回〈聞訊〉）等等這些不為名門正派所重視的派別和人物都被他們網羅了。這個聯盟的力量可能是當時江湖四大力量中最緊密和最大的。任我行如果能完成統一江湖這一任務，然後就可以將江湖置於明政府的統一領導下，或在日月神教的鼓動下建立新的王朝，而後者的機會佔高。這點上江湖中人最後避免了一場浩劫。

大概是明白江湖上壟斷力量的威脅，清朝採用了門派分級制還派了大量金獎杯，讓各大門派自相殘殺，成功的解決以武犯禁的問題（見《飛狐外傳》第十七章〈天下掌門人大會〉）。但是我們肯定即使任我行不死，統一江湖的願望恐怕還是不能實現，畢竟他剛奪回寶座，最應該做的是整頓內部，讓元氣大傷的日月神教休養生息，而不是急著去進攻其他門派。明政府的扶植應該不是想讓日月神教一統江湖，而是想讓江湖中人自相殘殺，無暇反對政府。雖然他們容忍日月神教的擴張，但他們絕不希望江湖上再出現一個明教。當日月神教開始進攻少林或武當的時候，我們可以肯定，明政府的軍隊一定已經守在日月神教的必經之路上。

註釋

①青紅幫組織，紅幫建立在先。紅幫本名「洪門」，青幫（亦作清幫）又名「安清幫」。洪門始建於清初，從事反清復明活動。青幫來源於紅幫。相傳有洪門中人翁某，錢某、潘某被清王朝收買叛變，把洪門反清復明之宗旨，改為安清保清，另立門戶，成立安清幫。

②網絡效應（Network Effects）網絡效應存在時，如果沒有人採用網路產品，那麼它就沒有價值，於是也沒有人想用它。如果有足夠的使用者，那麼商品就會有價值，因此會有更多的使用者，商品也就會更有價值。

③快速模仿者策略（Fast-follower Strategy）：該策略型態以吸取市場先佔者的經驗後，以發展已更趨成熟的技術，運用強勢的行銷手法切入市場、獲取優勢，同時避免部份市場先佔者

所承受的風險。

④《笑傲》二十二回〈脫困〉黃鍾公轉過身來，靠牆而立，說道：「我四兄弟身入日月神教，本意是在江湖上行俠仗義，好好作一番事業。」

⑤企業文化（Corporate Culture）是一個組織由其價值觀、信念、儀式、符號、處事方式等組成的其特有的文化形象。

第十二章　天龍寺——貴族大學的沒落

天龍（射鵰、笑傲）

一本《天龍八部》隱藏了多少鮮為人知的秘密？

在金書裏有兩個奇特的學術機構，其中之一是《鹿鼎記》中澄觀老師侄打理的少林的般若堂這個精研別派武功的研究院，其二則是天龍寺這個專門研究本派武功的專上學府。天龍寺比般若堂來得奇特，根據金大俠在《天龍》第十回〈劍氣碧煙橫〉中的介紹，天龍寺在大理城外點蒼山中岳峰之北，正式寺名叫作崇聖寺，但大理百姓叫慣了，都稱之為天龍寺。段氏歷代祖先做皇帝的，往往避位為僧，都是在這天龍寺中出家，因此天龍寺便是大理皇室的家廟，同時更負有弘法護國的重任，於全國諸寺之中最是尊榮，更為重要的一點大理段氏武學的至高法要也藏在裏面。

為僧都是達官貴人，乃至皇帝，在這裏又能學習段氏武學的至高法要，可見天龍寺是一所專門招收貴族讀碩士乃至博士和博士後的貴族學校。可以說是英國伊頓公學（Eton College）這家貴族學校和倫敦商學院（London Business School）這家一九六四年創辦的只收碩士以上學生的學府的混合體了。同時由於它是皇家學府，可以說是世界上第一家獲得皇家特許狀（Royal Charter）的學校。這麼猛的一家學校從北宋之前就已經存在，直到大理被元朝滅亡，這期間一直受政府資助所在多有，但這麼多年花了那麼多公款竟然沒有培養出什麼太特出的人才，這就未免令人感到奇怪了。

詩曰：

天龍五代到今留，伊頓倫商此間求。
弘法有餘難護國，守經無力好不羞。
如何知有便宜法，猶守祖規礙進修。
制度百年僵化久，目標一錯臭千秋。

要說人才，最著名的應該算枯榮大師了，這個人連閉關數十年的無涯子也知道他，可見枯榮大師曾經在江湖上輝煌過一陣子（《天龍》第三十一回〈輸贏成敗，又爭由人算〉）。無涯子既然知道枯榮大師的名字，大師自然是枯榮出家之後才能叫的，他是段家的自然也在家廟天龍寺出家。除此之外，出自天龍寺的高人就基本沒有了。當然大理段家出名的人不少，可是他們出名的時候也都沒進過天龍學院的大門，而後來他們進入這家學校之後也都沒什麼作為，這點也是很令人奇怪的。可以說天龍學院自枯榮大師的時代起就一步步走向沒落，這樣一家資金充足（政府資助），教材先進（擁有《天龍》未被慕容圖書館收錄武功之二），學生素質高，出家的都是皇族，文化素養那是肯定沒得說的，《天龍》第四十七回〈為誰開，茶花滿路〉，段譽就很秀了把文采，並且武功有一定成就，例如段正明和武功及的上天龍寺的博士生們，但竟然沒有培養出幾個隱世高手或隱藏boss，或者發展出幾樣絕世武功，實在讓我們覺得有必要追究其中的因果。

說這家學校沒落，那是很早的事了，最大的可能是發生在枯榮大師的時代，《天龍》第十回〈劍氣碧煙橫〉，給段譽治病時連保定帝在內的段氏五大高手一陽指上的造詣均在伯仲之間，這下問題來了，其他四人可是在天龍寺裏進行深造的，怎麼功力和沒深造過的保定帝相若？

這裏我們可以看到兩個可能，一是深造課程有等於無，二是學校已經好久沒上過課了。接下來他們才臨時拉了保定帝一起上課，可見學校沒教書已經很長時間了，何以放著當世最高級的教材不教書才是大問題！一是沒有教授講課，不過後來他們可又都看圖識字弄懂六脈神劍之一脈，所以沒有老師這一點是說不過去的。枯榮大師這個博導年紀最大，功力最深，能通二脈，出道最早，見識應該最廣了，卻不去練六脈神劍而去練另一路神功，可見六脈神劍裏面很有問題，全練可能要出問題的，枯榮大師才會捨棄這很容易練的一陽指的高級功法，改練另一種武功。嗯，段譽不是練全了嗎？不過段譽並沒記全，所以他的殘缺不全的六脈神劍沒搞出問題來。

同時《天龍》第十回〈劍氣碧煙橫〉作為家族之長的保定帝也想到「段氏祖上有一門『六脈神劍』的武功，威力無窮。但爹爹言道，那也只是傳聞而已，沒聽說曾有哪一位祖先會此功夫，而這功夫到底如何神奇，也是誰都不知。」這個全練有什麼問題枯榮大師沒說，我們也就不妄加推測了。總之整件事給我們的感覺天龍寺的教材很有問題，這大概也是他們不肯讓鳩摩智得到六脈神劍圖譜的主要原因，如果讓鳩摩智發現其中的破綻，那麼段氏在江湖上的核威懾①就沒有了。畢竟鳩摩智不懂一陽指，得了圖譜就如得了半卷《九陰真經》的黃藥師一樣，得物無所用，就是送給他又有何妨？於是我們有了天龍寺沒落的第一個原因——教材有誤。

教材有問題，認識到這一點，枯榮長老參起枯榮禪功來，那是段氏的另一路神功，而後段譽又帶來了逍遙派的足版凌波微步和一點北冥神功，這天龍寺的館藏武功其實增色不少，即使沒有六脈神劍依然可以造就絕頂高手。六脈神劍是長距離進攻武器，短兵相接就靠一陽指了，現在有了凌波微步可以縮短進攻距離，其效果和六脈神劍相差無幾，可能還更勝幾分。不過搞怪的是不完整的北冥神功傳了下來，凌波微步反而失蹤了，這裏大概又可以陰謀一下了。

事實上從時間上看，天龍寺的段氏武學是越丟越多。本來按《天龍》第十回〈劍氣碧煙橫〉，本因方丈所言：「『六脈神劍經』乃本寺鎮寺之寶，大理段氏武學的至高法要。正明，我大理段氏最高深的武學是在天龍寺，你是世俗之人，雖是自己子侄，許多武學的秘奧，亦不能向你洩露。」這天龍寺除了有六脈神劍經，還有枯榮禪功和許多武學的秘奧，然後段譽又引入凌波微步和一點北冥神功。但這些武功從宋哲宗趙煦（一零八六年——一一零零年在位）到一燈時代的元憲宗蒙哥（一二五九年）不過一百多年功夫，所歷不過三代，竟然一點也沒讓一燈學到，畢竟一燈曾經在天龍寺住了三年，只需他學到其中一二項，那就不必躲避歐陽鋒了。不過六脈神劍一燈最後似乎學會了至少一脈？按《神鵰》第三十八回〈生死茫茫〉，那日絕情谷中一燈與法王本來相距不過數尺，但你一掌來，我一指去，竟越離越遠，漸漸相距丈餘之遙，各以平生功力遙遙相擊。這指上真氣不就是六脈神劍了嗎？只是那個時候居然沒人知道六脈神劍的存在，連江湖上也沒人知道了。

我懷疑枯榮禪功和六脈神劍在當時已經失傳，或者被束之高閣連一燈也不知道，只不過因為一燈活的夠長，他又把六脈神劍再發明一次而已，情形有點類似《笑傲》的寧氏一劍的再發明（《笑傲》第七回〈授譜〉）。凌波微步是沒有傳下來了，北冥神功倒是在《笑傲》第二十二回〈脫困〉和化功大法結合出現了，我懷疑北冥神功是在元滅大理時由天龍寺的和尚帶出並投奔少林，在那裏他們得到化功大法並把這兩者結合起來。問題是這些高級教材何以這麼多年沒人理睬？

最大的原因應該出在收生問題上，不要忘記天龍寺只收段氏親貴，而且是武功有成的，限於祖規，只有在天龍寺出家的段門中人才可以學。段氏一門到底有多少人？可以肯定不會太多，即未必能多到每一代都有特出人才產生的程度，就算出了這樣的人才也未必會出家，出了家也未必會在天龍寺，這一來，能收的學生質素就不好保證了，人數太少，收到好學生那是低概率事件。收的學生質素差就練不來高級功法，沒人學也就不奇怪了，即使有好學生，人家出家是看破世情才出家的，對研究武學根本就不會熱心，同樣也沒用。為了保持天龍寺的威懾力和神秘性，裏面有高級功法的事並未被連皇帝在內的本族人知悉，這樣大家既不知其中有高級功法可以深造，自然以為一陽指就是段氏最高的武功，即使練到極致也不會想到要去天龍寺深造，更沒有動力把一陽指練到極品。沒有新血的加入，能練的，練得好的就少了，長久下去連天龍寺有段氏武學的至高法要也沒人知道了。有能力練的沒進去天龍寺，沒能力練的掌管秘密，這都是祖規所限，可是這個規矩在枯榮大師的時代已經被打破了，有了自觀自學不違祖訓的便宜法門。同時包括枯榮大師，保定帝在內的六人學的時候又有誰指導過他們？事實證明只要功夫深，這六脈神劍根本就是可以自觀自學的。

同時天龍寺是大理段氏的根本，《天龍》第十回〈劍氣碧煙橫〉言每逢皇室有難，天龍寺傾力赴援，總是轉危為安。所以我們不排除另一可能是天龍寺掌握大理命脈，引起一燈之父段正興的興趣，段譽把天龍寺的武學秘密告訴自己兒子，這個兒子可能和段譽一樣開頭不愛學武，後來又想學了，於是找上天龍寺希望取得其中包括六脈神劍在內的某些典籍，結果引發和天龍寺的衝突，導致這些典籍被毀，甚至知情者的死亡，並同時導致了天龍寺改變收生的方向和方式。因為我們看到一燈時期，一燈有一個天竺師弟，一燈姓段，還是皇帝出家也必然照例在天龍寺這個家廟，現在家廟竟然收了個來自天竺的文科博士後，這足以證明當時天龍寺已經發生了質的變化，改收文科生而且還是留學的了（見射鵰第三十回〈一燈大師〉）。當然天龍寺裏還有原來的武僧，《神鵰》第一回〈風月無情〉出現在陸展元喜宴上那個就是了。可能那個時期的天龍寺可能已經不再負擔研究段氏武學的工作，只是負責保存一堆他們不知是段氏武學的典籍。這就很好的解釋了為什麼一燈雖然在天龍寺住了三年卻沒有學到六脈神劍的原因。

不過我們還有另一個疑問，段譽的凌波微步不是出自天龍寺，可以自由傳給子女，但卻也失傳了，一燈算段譽的孫子，相隔年代不算遠，也沒學到，這就也有了可以陰謀的地方。聯繫到我們之前的關於段正興的推斷，很可能他是學了，但在和天龍寺的爭鬥中兩敗俱傷，死於內亂，這個凌波微步同時失傳。但是如果段譽的北冥神功能被天龍寺收錄，那麼段譽最後出家也必須在天龍寺（居然拋下三個老婆出家？這點絕對值得陰謀。）則凌波微步也必然同樣被帶入天龍寺。段譽出家傳位給自己的兒子，兒子有學到估計沒有向天龍寺討這份秘笈的道理，除非段譽不曾把凌波微步傳給他就死了。問題來了，這段譽出家到他孫子一燈當皇帝，其間隔的日子不少，天龍寺竟然未能結合這些武功發展出更精妙的武功來，確實也有點奇怪，但又不奇怪。這除了天龍寺沒有人才還是天龍寺保守的本質導致的吧？

說天龍寺保守是有根據的，《天龍》第十回〈劍氣碧煙橫〉面對鳩摩智的七十二絕技，天龍寺就拒絕了，他山之石，可以攻玉，這麼好的改進段氏武學的機會被放棄了，理由是自己的一陽指尚自修習不得周全，要旁人的武學奇經作甚？同樣的我們懷疑段譽帶來的武功也因為天龍寺中眾人一陽指尚自修習不得周全被束之高閣了，於是段譽兒子死後，凌波微步和北冥神功並未被一燈習得。導致後來五絕的出現，否則單是一陽指加凌波微步就有可能打敗王重陽了。

論起《天龍》寺沒落最大的原因還是處在授徒制度上，非出家的段氏子孫不授。問題是段氏一門親貴，有幾個肯出家，出家的是看破世情的皇帝親貴，又那會還花心思去研究段氏武學？生活有保障而且養尊處優，又沒有明顯而即刻的危險，肯定不會下功夫去研究武學，即使研究也必然是抱著勝固欣然敗亦喜心態，這又那裏能對發展段氏武學有所貢獻？人數少，心態又太過放鬆，如果有所貢獻，那又該是低概率事件了。

武學的創新，多數是通過對前人武功的改進得來的，六脈神劍就是一個高級版的一陽指，寧氏一劍也是在原來華山劍法的基礎上創造發明和改進的，太極是個列外，統計學上是不計算在內的。林毅夫②說依據經驗對現有技術作小修正而產生的創新「從概率的意義上，一個國家的人口規模越大，各類發明者『試錯和改錯』的實踐經驗越多，技術發明和創新的速度越快，經濟發展的水平也就越高（Simon,1986）」。③這點用在武學的發明創造上也是一樣，我想當年設立這一制度的人大概是為了保持天龍寺武功的先進性，沒想到天龍寺的目標是弘法護國，要弘法護國就要讓大多數僧人的武功高強起來，而這一只傳出家的段氏子孫的制度恰恰局限了本來就人數不多的段氏子孫學習武功的道路和機會。枯榮長老其實指出一條便宜法門，可惜這個方法也被有意無意的遺忘了，死守著僵化的制度的天龍寺不但未能弘法護國，而且最後還把老祖宗的東西都給敗光了。

所以說目標決定一切，如果設立這個授徒制度的人時時記住弘法護國的目標，設計出來的制度恐怕也就有不同了，而《天龍》乃至《射鵰》三部曲的故事恐怕就要改寫了。

註釋

①核威懾是指美國和蘇聯在冷戰時期所使用的一種戰略，即把擁有核武器作為通過核打擊的恐嚇和威脅來阻止對方採取侵略行為的行動戰略。

②林毅夫（英文名：Lin, Justin yifu，一九五二——），生於台灣宜蘭縣，原名林正義，後改林正誼，到中國大陸後再改現名。二零零八年出任世界銀行首席經濟師兼負責發展經濟學的資深副行長。

③《北京大學學報》二零零七年第四期。

第十三章　海上學府俠客島

俠客行

俠客島是一家外國公司，該公司成立時間資料不詳。

要知道《俠客行》是一部沒寫時代背景的書，不過我們依然可以而且必須推知其成立和活動時間。書中有武當一派，武當在金書是元朝創立的，終元一朝掌門的是張三丰老先生，所以該公司活動時間應該在明清時期。明清之時有海禁這東西，俠客島三十年來每十年接一批人上島，證明其時海禁不嚴，只有到了明穆宗隆慶元年（一五六七年）正式廢除海禁令，到了清朝海禁又起，清朝的海禁又比明朝更嚴，所以故事只能是發生在明穆宗後，李自成前。李自成起兵江湖之中那能平靜？，

然後是俠客島的位置，書上第十九回〈臘八粥〉說：「來到南海之濱的一個小漁村中。扯起一張黃色三角帆，吃上了緩緩拂來的北風，向南進發。入夜之後，小舟轉向東南。在海中航行了三日，到第四日午間，屈指正是臘月初八，那漢子指著前面一條黑線，說道：『那便是俠客島了。』」明代的南海指的應該是現在江蘇外的東海，《史記正義》云：「按南海即揚州東大海。

岷江下至揚州，東入海也」。取江蘇揚州出海，計算路程大概是現在琉球群島外圍的小島了，或許就是釣魚島也不一定。現在意義上的南海那時應該叫西洋，所謂鄭和七下西洋指的就是這個地段。

好了時間是明朝，地點算在琉球群島外圍的小島。

俠客島把公司設立在這裏有什麼特殊原因呢？我們讀商業的老說地點，地點，地點。最直接說他們選這個地點的原因應該是避稅了，和現在的離岸公司[1]一樣，把註冊地點設於太平洋的小島上。不過現在的人比較聰明，把公司註冊過去就行了，俠客島的董事會走得更遠，把公司直接開到太平洋的小島上去了，這一來就算明朝修法說海外註冊的也要交稅他們也不怕了，這一點不要說是說在明朝，就算放到現在也是具有劃時代的意義的。

俠客島公司據書上介紹從事教育行業，在俠客島開了個專收博士後的後博士後留學課程，這個是真正意義上的海上學府。第一批學員由公司總裁親自招收，總共就收了兩個，一是少林方丈妙諦大師，一為武當掌門愚茶道長，見《俠客》第十三回〈舐犢之情〉）。此後便開始了他們每十年收一次的招生，總共招了四次生，人數一次比一次多。

只是單只從事教育是無利可圖的事，這島上那麼多人如何供養？由總裁到學員每天都在研究課題，不事生產，這四十年是怎麼過的？這個問題其實很好解答，請大家看看現代的海上學府，那是要收費的。香港曾經有六個有錢有閒的學生（或者你喜歡稱為傻子也無不可）參加過這海上學府，四個月每人花了二萬美金，按現時的匯率算那也有十五六萬港幣，一年下來就超過六十萬了。俠客島的學員應該和現在一條海上學府的船上的學員差不多，是二百多人——第一批二人、第二批三十七人、第三批四十八人、第四批又是四十幾人，加上四十幾個接人上島的海盜學員與書生學員肯定超二百了（見《俠客》第十三回〈舐犢之情〉）。

俠客島大學的學員都是各家各派的頂尖人物，都知道完成這後博士後武功有可能比俠客島大學兩位校長高，而這兩位校長基本已經是當時武功最高的人了。利益驅動下為了完成這後博士後，每年六十萬出得起要出，出不起也要出。就算俠客島大學收的學費是現在的一半，每年也有六千萬的收入。成本除了吃喝，連宿舍都是現成的。至於教材，那就更便宜了，是刻在石頭上的，連印刷費用都免了。清代中等家庭一年花費大概是二十兩銀子，以一家四口算每人每年五兩。經考究明代一兩銀子大約是六百元港幣，一年也就三千元。俠客島大學學員二百人，支出為六十萬，每年淨賺五千九百四十萬，還不用交稅，真是暴利之中的暴利了。

經濟常識告訴我們，有暴利就有競爭。為了壟斷市場俠客島大學採取了一個比較高明的策略，就是採用一套無法明白和模仿的教材！俠客島大學的兩位校長又說自己沒弄懂教材，可是他們的武功又比所有人都高。商品或學校的成功在有創意，無法明白的教材就是創意。而且他們的旗幟鮮明，只要弄通了就能有比校長高的武功。這點擊中要害，讓信眾和學員覺得可以「畢其功於一役」，其他枝節問題都會迎刃而解，再沒有人去考慮連妙諦大師和愚茶道長這樣武功高強的人也已經花了三十幾年都沒通過學位的問題。現在課程有了賣點[2]和概念[3]，自然貨如輪轉，賣得又快又好，學生越收越多。

教材刻在石頭上，學生又自願留校，無法傳抄洩露，但是這只是校內控制，校外有人競爭模仿又怎麼辦？俠客島大學派出兩位招生主任張三、李四到中原物色學生，有經濟實力的基本都給拉走了，沒辦法，有誰叫人家有妙諦大師和愚茶道長的名牌作為背書呢。有實力有能力的都走了，剩下的都是些三四流的小貓，如何和俠客島大學爭市場？更兼俠客島大學防患於未然，對於敢/想和俠客島大學競爭的學校，俠客島大學祭出超時代的法寶——企業的社會責任！企業社會責任（Corporate Social Responsibility）是指企業對社會合於道德的行為。特別是指企業在經營上須對所有的利害關係人（stakeholders）負責，而不只是對股東（stockholders）負責。較籠統的定義是，企業對於其所依存而運作的社會，負有法律和社會義務，而企業社會責任就是企業和這些義務關係的互動，以及如何履行這些義務。根據俠客島大學的章程他們的社會責任就是賞善罰惡，還搞了十年一度的善惡評比，凡競爭者與不肯入學者都被評為惡而罰之，直接點說就是從肉體上消滅之！

上面這兩點確保了俠客島大學四十年的壟斷地位。唯一可惜的是這套採用的教材不是俠客島大學版權所有。所以當《俠客》第二十回〈「俠客行」〉中石破天同學來到俠客島大學，發現俠客島大學竟然採用盜版教材時，俠客島大學的兩位校長馬上企圖殺人滅口。好在石破天同學功夫實在不錯，兩位校長年紀已大，力氣不如，殺不了石破天同學。想那兩位校長四十年前去請妙諦大師和愚茶道長時起碼也得四五十歲，過了四十年怕不得八九十歲，年老力衰自然的很。雖然石破天同學心腸好沒殺他們，不過他們一想這用盜版教材的事一傳出去，俠客島大學聲名受損，以後也不用再收學生了。所以除了請石破天同學不要把他們用盜版教材的事傳出去，還使了個絕後計，乾脆毀了教材，又自殺以謝石破天同學。這一來仁厚如石破天同學也就守口如瓶了，總算保住俠客島大學一眾員工的飯碗和俠客島大學的名譽。

這兩位校長領導的企業雖然倒閉了，他們成功的創意可又都是跨時代的。一九二四年，謝爾頓（Oliver Sheldon）把公司社會責任與公司經營者滿足產業內外各種人需要的責任聯繫起來，並認為公司社會責任含有道德因素在內。這種思想主張，公司經營戰略對社區提供的服務有利於增進社區利益，社區利益作為一項衡量尺度，遠遠高於公司的盈利④。這個提法比俠客島大學兩位校長慢了四百多年。而起源於二十世紀三十年代的離岸公司固然是向他們學習，上世紀七十年代，香港「船王」董浩雲先生捐贈出豪華遊輪「環球探險家號」，創辦的海上學府也許就是向他們學習的。

很可惜，俠客島大學兩位校長沒有學好版權法，註冊自己的教材，讓人鑽了空子，大好企業一朝散，思之令人歎惜不已。

註釋

①離岸公司（Offshore Company）是指並不在註冊地進行實質業務的公司。有時也被稱為非居民公司。

②產品的賣點（Selling Point）是指：一個產品區別於其它產品所具有的獨特性質；而產品的概念是提供給 消費者，使之購買你的產品的一個理由。

③概念，其實指概念營銷（Conceptual Selling），是指企業在市場調研和預測的基礎上，將產品或服務的　特點加以提煉，創造出某一具有核心價值理念的概念，通過這一概念向目標顧客傳播產品或服務所包含的功能取向、價值理念、文化內涵、時尚觀念、科技知識等，從而激發目標顧客的心理共鳴，最終促使其購買的一種營銷理念。

④一九二四年，英國學者謝爾頓在其著作《管理的哲學》（"The Philosophy of Management", Oliver Sheldon.）最早提出了「企業的社會責任」（Corporate Social Responsibility）概念。

第十四章 「世界盃」與武術沒落的關係

飛狐外傳（越女劍，天龍，射鵰，神鵰，倚天，鹿鼎記，雪山）

按歷史時序，金大俠武林世界就寫到《雪山飛狐》最後一章雪山上那一刀為止（屬於清朝的《連城》精確時間不明，對本分析無影響，故忽略之）。那一刀無論砍下去沒有，武林中最後一對俠客都將永遠消失，當然一同消失的還有被稱為俠客的那一個群體。俠客這個詞在字面上解釋起來很麻煩，不過這金大俠的武林世界就比較好辨了，他們有共通的特點——武功屬於武林中排名靠前的，起碼在某一項目上還是處於世界第一的，相貌還要不是長得太醜的。這群俠客的最終消失對中國的武術界是一大損失，對讀者來說損失更大。

詩曰：

俠士如何世上孤？古今授藝法偏殊。
產權保護成障礙，知識公開育下愚。
幫會凋零創意縮，近親繁殖險情浮。

世杯未結薪先滅，武學傳承到此無。

實際上俠客的消失和武術的沒落密不可分，武術水準每況愈下，找出或產生一個武功高強的人的概率就越低。

關於武術的沒落有人歸咎於《飛狐外傳》第十七章〈天下掌門人大會〉福安康搞的那次世界盃。那確實算得上第一次世界盃——武術上的，起碼當時的中國的武術水平居世界領先地位，雖然是國內比賽仍然代表世界水準，情形有點類似美國籃球的NBA。當然天朝大國出手就是不一樣，足球界的世界盃，上百個國家參與才給了一個所謂的大力神杯，雖然是金的，可是還不能永久保有。福安康就大氣得多了，雖然有一百多個門派參加比賽，他竟然安排了玉龍杯、金鳳杯和銀鯉杯共二十四隻杯子，得到杯子的概率接近五分之一了，這比康師傅茶飲料「再來一瓶」接近百分之二十的中獎率還高，所以成為當年銷售界的一大盛事①。

不過要說這事導致武術的沒落又有點說不通，雖然在《飛狐外傳》第十八章〈寶刀銀針〉中金大俠說：「清朝順治、康熙、雍正三朝，武林中反清義舉此起彼伏，百餘年來始終不能平服，但自乾隆中葉以後，武林人士自相殘殺之風大盛，顧不到再來反清，使清廷去了一大隱憂。雖然原因多般，但這次天下掌門人大會實是一大主因。後來武林中有識之士出力調解彌縫，仍是難使各家各派泯卻仇怨。」自相殘殺之風大盛導致練武人數大減也是有的，但以武林人士自相殘殺之風大盛為武術沒落的唯一原因就有點說不過去了。

武術沒落在《飛狐》時代之前就已經發生了，《鹿鼎記》韋小寶的存在就是一個不爭的事實，這一事實讓我們對武術的沒落有了一個新的考慮。其實武術的沒落和武林中授徒的方式的轉變，以及對本派武功的重視有莫大的關係。從最早時代《越女劍》的阿青看，授徒是有教無類的。到了《天龍》時代，蕭峰則承受了少林和丐幫的武功，同時還吸收諸如太祖長拳這類流行武功（見《天龍》第十九回〈雖萬千人吾往矣〉），慕容家族的以彼之道還施彼身，同樣是學習各門派的武功。對於學習外派武功，武林中除非是深仇大恨的門派，基本是容許的。《射鵰》時代的郭靖也學了江南七怪加全真派加丐幫的武功；《射鵰》第十三回〈五湖廢人〉桃花島主的徒弟陸乘風的兒子還是仙霞派的，至於後來的楊過同樣身兼數派武功，即使是《神鵰》配角的武家兄弟和郭芙同樣學了南帝的一陽指。就算是元朝的《倚天》，滅絕也向宋青書傳授武功，可見起碼直到元朝，武林中人（起碼那些高人）都把武功當成一種公開的知識，並非個人擁有，這就形成了一種有利的學習環境，武林中人得以互相學習，武術在這種知識外溢②的環境中得到發展，最終產生《九陽真經》，《葵花寶典》等一大批創新武功。

不過去到《笑傲》時代一切都變了樣了，武林開始封閉自守了。什麼導致這一形勢的轉變，不外二個原因。

一個原因新生門派的增加，市場上的競爭大了，為了打開市場，各門派終於從多元化走向專業化，開發各自的利基市場③。要開發利基市場必須有自己的拳頭產品，知識產權的保護就被提上議事日程。既然各自發展各自的武功，難免有程序不兼容④的情況發生，這個情形類似《天龍》提到的武學障。為了避免，當機⑤互不傳授武功也就很正常了，慢慢的這就成為一種路徑依賴⑥，封閉式的武功知識傳播就成為主流。俠客島其實是授徒的方式轉型的開始，當然這個時候仍然有公開本派武功的俠客島，但是我們懷疑俠客島公開其武學的真正原因，這點我們在以後將會談到。

另一原因是幫會的衰落，這個很大程度出於政府的打壓，幫會包括教派，一直是社會不安定的源頭，《射鵰》中在金國的丐幫，就對金國造成嚴重的威脅，而在宋朝也不曾獲得政府的承認與支持。接下來《倚天》裡的明教則直接推翻政府，即使小一點的幫會也為了各自的利益成了以武犯禁的源頭，後來《鹿鼎》的天地會，《書劍》的紅花會同樣危害國家安全。

對於這點，政府除了打壓外，也向守法的門派的學生提供就業機會，讓他們成為公務員。幫會本來是各門派學生讀研和讀博士後的地方，現在因為生存空間受新興門派與政府的雙重擠壓逐漸式微那是意料中事。沒有了幫會這所各派學生自由交換武功、互相學習的武林大學，各門派只能靠近親繁殖，分拆上市搶佔地盤，《雪山》和《外傳》的天龍門就分拆成東、南、北三宗；《外傳》的華拳門分為藝、成、天、下、行五宗；太極也分為南，北二宗；而和政府關係密切的少林竟然生出三四十個支派⑦，武術發展日趨低落也就很正常了。

當然這個局面還沒有去到不可收拾的地步，門派眾多，習練武功的人也就增加了，從事同一事業或學術研究的人越多，產生創新和突破的概率就越高。但是這一進程被武術世界盃破壞了，只是破壞的產生不是在會後，而是在會前和會中而已。到會的有一百多門派，武當算大派了，陸菲青若是推辭不去，還怕徒惹痲煩，其他小門派推辭不去的恐怕給人滅了都有份，鴨型拳的老人沒人知道他的門派不去沒什麼，小小知名的不去當然也是有的，這些門派恐怕也就要江湖除名了，數量可能不多，但想來還是有的。還有的門派分成幾宗，為了這個世界盃免不得要選個掌門的出來，掌門的一有，自然是以後該派以這一人的武功為準，這一來，有些武功，不免要丟失了。同時會上還死了包括鳳天南、李廷豹和文醉翁等六個掌門人，掌門人代表了該門派的最高武功，起碼知道最高武功，如果這些武功不及傳授，這一來一百二十幾個門派的武功就損失了接近百分之五，加上前面提到的可能損失則這場大會給武術界的知識帶來的損失就更多了。

武林的仇殺雖然殘酷，但對武術知識的摧毀才是造成武術發展停滯的重要原因。接下來的仇殺活動，令武術界的參與者大量減少，不要說進行創新，就連傳承也會發生困難。所以到了《雪山飛狐》，世上唯二兩個會公開自己的武術知識的趙半山和苗人鳳死後，武術的沒落也就成了定局，沒有了壓倒性的武功，就沒有人有當大俠的能力，於是金大俠的俠客們就此失去了生存的土壤。

註釋

①「再來一瓶」是康師傅推出的一個促銷活動，二零零九年二月，康師傅正式啟動龐大的七億瓶「再來一瓶」促銷戰略。其旗下茶系列飲料的中獎概率高達20%，即約五瓶中一瓶。凡購買康師傅茶系列飲料的消費者打開瓶蓋，如見瓶蓋內刻有「再來一瓶」的字樣，即可憑該瓶蓋，兌換一瓶相同的飲料，不過兌換獎品就沒中獎那麼容易了。

②知識外溢（Knowledge Spillovers）是指包括信息、技術、管理經驗在內的各種知識通過交易或非交易的方式流出原先擁有知識的主體。

③利基市場（Niche Market）是指企業選定一個很小的產品或服務領域，集中力量進入並且成為領先者，從當地市場到全國再到全球，同時建立各種壁壘，逐漸形成持久的競爭優勢。

④兼容性compatibility，是指幾個硬件之間、幾個軟件之間或是幾個軟硬件之間的相互配合的程度。因為我們使用的電腦（特別是兼容機）是由不同廠商生產的產品組合在一起，它們相互之間難免會發生「摩擦」。這就是我們通常所說的不兼容性，所謂「兼容機」一詞，也源自於此。

⑤當機：英文叫做Shutdown口語裡面我們簡單的把停掉機器叫做down機。當機可能原因可以是硬體方面的原因，也由軟體原因引起，這裡我們借用應用軟體的漏洞來解釋，畢竟人是「硬體」，武功就只能是「軟體」了。

⑥路徑依賴（Path Dependence），一旦人們做了某種選擇，就好比走上了一條不歸之路，慣性的力量會使這一選擇不斷自我強化，並讓你不能輕易走出去。美國經濟學家道格拉斯·諾思認為，路徑依賴類似於物理學中的「慣性」，一旦進入某一路徑（無論是「好」的還是「壞」的）就可能對這種路徑產生依賴。某一路徑的既定方向會在以後發展中得到自我強化。

⑦《飛狐外傳》第十七章〈天下掌門人大會〉少林派分支龐大，此日與會的各門派中，幾有三分之一是源出少林。一百二十個門派的三分之一就是四十了，當然裡面少不了有冒牌盜用少林名頭的偽劣門派，但往少了算也有三十個門派吧？

第三部分 隱線

金大俠只提出「射鵰三部曲」，我的企圖是把這個擴充成五部曲（把故事從《天龍》講到《笑傲》），這樣就方便我們了解（金大俠的武俠）歷史事件的前因後果，以及大小組織的興衰成敗，同時發揮一下個人的陰謀愛好，當然我更多的時候是個懷疑論者（skeptic）。陰謀論（Conspiracy Theory）雖然可以滿足我們心理上的簡單化偏好和獵奇心理，但這並無助我們發掘事實真相。懷疑論（Skepticism），是認識問題的一種態度，拒絕對問題作隨意的不夠嚴格的定論，對事物的看法採取一種類於「中立」的立場，既懷疑「是」也懷疑「不是」，這點在我們分析金大俠著作中某些缺失環節時尤為重要。

權變理論①（Contingency Approach）主張任何管理措施、辦法不能依循固定的準則，而因勢利導，因地制宜權衡與整合出恰當的解決方案。權變觀點更進一步主張為未來建立各式各樣的假設、前提、情境的描寫，並提供針對不同情境的配套措施與方案。研究金庸的案例恰好給了我們這樣一個找出解決方案的機會。不過批評者認為權變理論缺乏理論分析，雖然有大量的案例分析，卻提不出統一的概念和標準。我們之前的分析其實也很權變，這一部分我們將綜合之前的分析提出一套完整的結論，借助理論工具，還原從《倚天》到《笑傲》時代的江湖面貌。這一部分的分析也是想說明所謂進行大量案例分析而未得出統一概念和標準的提法是錯誤的，未得出那是因為案例還沒研究得足夠多而已。

一個思想，來自國際關係的思想——霸權主義（Hegemony或Hegemonism）始終貫穿我們下面的分析，也貫穿金庸武俠。霸權主義是指一國憑借政治、軍事和經濟的優勢，在全世界或個別地區破壞、控制他國主權，謀求統治地位的政策②。

基本上金大俠每一本書都有一個佔主導地位的武術團體，這個團體在《天龍》則為少林。《射鵰》《神鵰》為五絕——主要是全真教和丐幫，不過此一時期少林本部並未涉足江湖。《碧血》則為華山，少林同樣並未涉足江湖。《鹿鼎》、《雪山》、《外傳》發生在清朝，少林外延達武林的三分之一③，主導力量應該仍是少林，《連城》、《白馬》講的是地區性事件，因為時間在清朝，全國來看則仍應是少林為主導，《俠客》是俠客島，但在之前仍以少林為主，俠客島請人，大家就是去找少林出頭的④。唯二的例外是《倚天》和《笑傲》這兩部書都有少林參與，但都是群雄割據的時代，兩書的時代可能相連，例外通常都代表有可疑，於是這就給了我們一個探討，並找出這一時期的霸主的機會。

註釋

①Organization and management: A systems and contingency approach 4th edition. (1985) Kast, Fremont E.; Rosenzweig, James E..New York: McGraw-Hill.

②K. J. Holsti, The Dividing Discipline: Hegemony and Diversity in International Theory (1985)

③見《飛狐外傳》第十七章〈天下掌門人大會〉。

④見《俠客行》第十三回〈舐犢之情〉。

第十五章　從《倚天》到《笑傲》之路

倚天、笑傲（神鵰）

《倚天》之後的江湖歲月到底如何，金大俠無所交代。不過事隔百多年後的《笑傲》倒給我們提供了一些線索——這是在同意《笑傲》故事發生的年代是明朝的前提下說的，假如有人質疑這點，則下面的幾篇東西就可以不看了。

詩曰：

三丰已死楊逍老，幫派凋零日月生。
少武惜身求遠禍，五門連氣若長庚。
誰倡盟約終須考，古墓終南或可成！
九劍華山傳孤獨，黃衫疑是也為情。

《倚天》和《笑傲》之間的聯繫並不太明顯，能將之串連起來的明面上只有少林、武當、丐幫和華山這些門派而已。但除了這些門派，還有些隱伏的線索，譬如獨孤九劍和日月神教的吸星大法，甚至於《葵花寶典》也有牽涉其中的可能。

《倚天》結於張無忌退隱，朱元璋當起皇帝來，屠龍是有了，然則倚天之事又如何？根據當年的情況，張無忌是看出五行旗掌握軍權尾大不掉之勢，同時更發現自己被架空了，雖然他不想當什麼皇帝，但做一日和尚撞一天鐘，身為幫會老大，瞭解下面的事還是要的。畢竟有什麼事，負責的還是他這個名義上的老大，所以《倚天》第四十回〈不識張郎是張郎〉他才會把《武穆遺書》傳給了徐達，那是收買人心在軍隊裏安插自己的親信收下風的意思。可惜朱元璋更高明，人都給他挖去了，這皇帝也就更加輪不到張無忌來做了。

朱元璋登基之後，下令嚴禁明教，將教中曾立大功的兄弟盡加殺戮。作為前教主的張無忌年紀比他輕，武功又好，當時自然還沒死，沒死是不是有了小弟們去找他，要他出面找朱元璋的麻煩？即使他不去，作為擁張派的終南山後也會慫恿他去的。所以答案是肯定的。

不過朱元璋可沒有死，遇到這麼個武林高手找麻煩而平安無事那是怎麼回事？推斷起來應該是因為有一個絕世高手保護了他啊！這個人無論怎麼看都應該是寫下《葵花寶典》的前朝太監的傳人。朱元璋登基之後除了接收元朝的地盤，還接收宮廷裏的宮娥太監，其中就有這個前朝（元朝）太監的徒弟。這一來發生了歷史上《倚天》和《笑傲》的人物第二次交鋒。

前朝太監後人和張無忌的一戰誰勝誰負？估計是太監贏了，但怎麼個贏法已不可考，只能肯定最後在《笑傲》第三十回〈密議〉方證說《葵花寶典》出現三百餘年來無人練成，考究一下前朝太監必須處在元朝，明朝至最後一個皇帝朱由檢（崇禎十七年，一六四四）止，共二七六年；加上元朝的時間也夠超過三百年了。方證這麼說是有誤差的，畢竟他不是皇宮裏的太監，哪知道太監裏頭有沒有人練成？

不過我們認為前朝太監所遇到的第一個《倚天》高手有可能是另一個姓張的人——張三丰。張無忌只是撞上太監V2.0①而已。畢竟《倚天》第二回〈武當山頂松柏長〉記載張三丰十六歲就搞定崑崙祖師何足道，之後的十餘年間內力大進，平時還打幾個小怪練級②，賺下專殺韃子的名稱，但是三十歲的他卻又以武功未成沒去救文天祥，這個沒去恐怕未必是沒去，而是因為害怕前朝太監不敢去，或者去了被前朝太監痛扁一頓，不敢被人知道只說沒去。對於老張和前朝太監的遭遇有另一個估計，估計老張曾經參加過最後的襄陽保衛戰，在那裏他遇到前朝太監，而前朝太監還在亂軍中殺死他的偶像郭靖，這一戰給他留下不可磨滅的印象，以致後來沒敢去救文天祥，怕被前朝太監虐死是也。同時我們也認為老張和郭靖有過第二乃至第三甚至第Z次的見面，雖然二人沒有相認。（這個看附錄關於張三丰和郭靖的第二次見面的可能性）另一估計和金蠶蠱毒有關，六派圍攻光明頂時只有各派耆宿知道金蠶蠱毒而年輕一輩則不知，可見事情發生在六七十年前，文天祥死時是一二八三年，圍攻光明頂一三五八年，算時間倒是接得上的。一種蠱毒禍亂天下，要說沒有朝廷撐腰是不可能的，如果有朝廷干預，前朝太監處身其中也是可能的。老張找他們晦氣被太監殺的屁滾尿流也是可能的。一二八三加三百年也就是一五八三年，明朝（西元一三六八年——一六四四年）說三百年也真的有了。

只是N年前飽受徐常二人背叛打擊的小張已經終身鬱鬱，再經過明教諸多兄弟遭難，找人報仇還要僅以身免，恐怕真的心灰意冷，更可能因此飄然遠遁，不理江湖事務做其寓公。遠遁前張無忌不免要帶著明教的殘餘跑到終南山後向黃衫姊姊哭鼻子去，黃衫姊姊本來對人家就流水有意，給人叫幾聲姊姊之後不免心軟，把楊過從獨孤劍法中化生出來的獨孤九劍傳了給小張去找太監報仇，小張打敗太監，但被朱元璋一番歪理說服，放過朱元璋（畢竟朱元璋當了三十年皇帝才正常死亡的，和小張拉不上關係）。此太監年老後也離開皇宮，去到福建的南少林並傳下《葵花寶典》。小張後來又把修改後的劍法交回終南山後，小張熟悉太極劍法，傳下來的招數能夠克制太極也就順理成章了。而作為《倚天》中隱形boss的古墓在這段歲月裏也終於浮出水面，欣然假借小張的委託，負起維護江湖秩序的責任，正式作為江湖霸權[3]出現在武林人士的面前。

至於明教，黃衫姊姊隨便再找個人給他們當教主就是了，不過後任的教主為了逃避朝廷的追殺和打壓，大有可能把明教的很多東西都改了，連名字也改了，改為日月神教，並且向朱元璋輸誠。於是這個明教也就成了日月神教，同時他們和終南山後的聯繫也就割斷了。需要解釋的反而是吸星大法的來歷。張無忌對付不了前朝太監，對付個把背叛的教主還是很容易的，就算小張不出手，終南山後的人也會出手，投靠了朝廷的日月神教，得到了朱元璋的援助，從內庫裏拔出一批武功典籍給日月神教，作為他們新的鎮教武功，用以抵禦來自終南山後的敵意行為。乾坤大挪移給小張帶走了，楊逍也沒學全，明教已經沒有拿的出手的功夫了。從內庫裏拔出一批武功典籍其中自然包括得自原大理皇家典藏的北冥神功④。至於化功大法從哪裏得到？這個應該來自少林，畢竟丁春秋給少林看管了，他的武功同樣也被少林收藏了。於是少林在我們的分析裏正式登場。

少林——曾經的明教死敵，因為張無忌的緣故和明教化敵為友。但是我們看到在《笑傲》裏兩者依然是敵人。這裏我們看不到日月神教搶少林東西的仇怨，然而真的沒有嗎？或許是有的，當日月神教的教主，捧著殘缺不全的北冥神功，很自然會想到少林的化功大法。當然明搶那是沒有的，更可能是透過朝廷向他們強借。結果化功大法到手了，仇也結了。

同樣的作為張無忌親密戰友的武當也必然會找日月神教的麻煩，於是江湖上形成了兩派，一派是由武當牽頭的武當聯盟，一派是日月神教，其他門派必須站隊了，站錯隊有可能給人滅了的。日月神教面對挑戰，首先打擊了武當，畢竟那時武當的鎮派之寶張三丰已死，再沒有什麼可以嚇人的玩意了。於是武當的太極拳經和真武劍也被日月神教搶走了（見《笑傲》第四十回〈曲諧〉）。此役之前武林聯盟中的少林為了保存實力，也為了看武當出醜，只是假裝在暗中給武當吶喊助威，真正出手那是不可能的了，暗地裏還和日月神教簽訂互不侵犯條約。所以若干十年後《笑傲》第十七回〈傾心〉方生會說出：「敝派跟黑木崖素無糾葛。」的話來，畢竟沒有死人的仇怨很容易就忘了。接近瓦解的武當對日月神教再也不構成威脅，日月神教得以放開手來對付武當的附庸，同時擴充勢力，拉攏其他游離勢力。而少林在這個時候向武當伸出友誼之手，於是武林聯盟建立了。而武林聯盟建立前少林已經和日月神教訂立了互不侵犯條約，把對付日月神教的責任交給新出現的競爭者五嶽劍派。

這個時候的江湖方經戰亂，出現了不少市場真空，是各大門派擴充勢力的大好時機。日月神教在這個時候擴充是不會和其他門派結怨的，但是這個怨竟然結了，可見其中很有值得陰謀的地方。結怨通常是遇到阻攔，然後大打出手。日月神教的阻力來自哪裏？扣除了武林同盟，就只有另一大型幫會——丐幫了。丐幫也是暗中受終南山後指揮的一個機構，幫主史小紅屬於終南山後的代理人。在一輪激烈的人事變動之後，組織不夠完整而又近親繁殖的丐幫遭受《倚天》之後又一次沉重的打擊，打擊是毀滅性的，而且是來自終南山後的。即使是幾十年後的丐幫依然淪為靠收剪綵費為生的幫會，同時丐幫在得罪終南山後之後，也被少林收編了。潛勢力無法估量的終南山後一定不甘失敗，黃衫姊姊雖然未必是楊家的唯一傳人，但楊家人丁單薄要控制江湖，野心不小的黃衫姊姊只能透過代理人，於是黃衫姊姊開始在武林中尋覓新的代理人，這時候華山派跳入黃衫姊姊的眼中。

華山作為當年的六大派之一，份屬名門正派，按理應該是武林聯盟的一員。可惜張無忌當年得罪了華山派，令華山名譽受損，所以華山不肯加入親張派的武當主持的武當聯盟也是有的，然而華山同時又不願淪為日月神教的附庸，並且希望通過對日月神教的戰爭重振聲威。所以在終南山後的幫助下華山聯絡了嵩山派這個久被少林打壓的派別組成華嵩聯盟，後來更吸收了當時站錯隊的跟在武當聯盟後面跑，如今反被日月神教欺負的泰山，衡山和恆山派形成五嶽劍派。但是單憑華山和嵩山兩派恐怕沒能力召集組成這個同盟的，需要有一位壓得住場面的人。這個人被懷疑來自終南山後，很可能就是黃衫姊姊，目的在於扶植一個足以和日月神教抗衡的新勢力，維護江湖的勢力平衡（這是好聽的說法，難聽的說法是終南山後希望透過控制五派進而再次控制整個武林）。

近百年後在參加某次會盟時，來自終南山後的黃衫姊姊的傳人遇到了我們的風清揚，並把張無忌修改過的獨孤九劍傳了給他。於是獨孤九劍就這樣傳了下來，來自終南山後的傳人這樣做有可能是為了在死後給五嶽劍派留下一支對抗日月神教的奇兵，雖然這個計劃後來讓岳不群他們破壞了。但是終南山後的人的工作還是很有成果的，此後的數十年中五嶽劍派真的負起了對抗日月神教的主要工作。江湖重新歸於平衡，直到左冷禪的出現。

左冷禪的出現起因於終南山後的人的失誤，同盟不可能沒有盟主，終南山後的人在組建這個同盟時估計自任一個有實無名的盟主，並且沒有訂立盟主的任期，在這個盟主死前，繁盛了近百年的終南山後已經在令狐沖出生前很早就沒落並消失了。在最後一位終南山後人死亡後，五嶽劍派決定選立自己的盟主。一仍舊制，盟主的任期沒有確定，或許本來就是終身制的，於是我們看到左冷禪當了二十幾年盟主，野心日漸膨脹，終於到了要合併五派的地步。

終南山後盟主肯定沒有合併五派想法，併派和公司合併不一樣，不可能說合併就合併。公司的合併，只要業務和規模相當就有成功的可能，而併派更像國家的合併，近代歐盟的統一就用了四五十年，到現在也沒合併成一個國家[5]，可見併派對終南山後來說是一件需要幾代人來完成的挑戰。當然這不是重點，重要的是一旦併派，終南山後就必須走到檯面，或者真正退出江湖，這都是黃衫姊姊所不能容忍的，而不併派，各派都要聽命於這個隱形盟主，爭取支援，反而容易控制。但是一個躲在幕後的盟主辦起事來畢竟不太方便，這也就是為什麼五派始終未能取代日月神教的原因吧？

附：關於張三丰和郭靖的第二次見面的可能性

當《倚天》第二十四回〈太極初傳柔克剛〉張無忌再遇張三丰時，張三丰曾經有生平所遇人物，只有本師覺遠大師、大俠郭靖等寥寥數人，才有這等修為，至於當世高人，除了自己之外，實想不起再有第二人能臻此境界的感嘆。新版上又加上了楊過，按理金大俠惜墨如金，不應亂加，不過這次這一加倒是有點多餘的了，更堅定了我認為張三丰和郭靖以及楊過在華山會後有再次見面的想法。這個想法開始是很模糊的感覺，黃金週回到香港，難得靜下來思考，愈發認為這第二次見面的可能性很高，雖然金大俠的立法原意是讓張三丰和他們老死不相往還，還讓張三丰說和郭靖有過「一」面之緣，不過張三丰這傢伙的話一貫不盡不實，像《九陽真經》就是很明顯的剽竊，所以我們還是姑妄聽之算了。但是這次的修改，乃至之前的原文都給了我們很大的陰謀，嗯，好吧是想像空間。

《神鵰》最後的第四十回〈華山之巔〉新五絕和張三丰都見了面，如果當時張三丰有分辨武功高低的能力，那麼當他驚訝於張無忌的武功時所首先想到的不應該是郭靖或楊過，而應該是五絕之首的周伯通了！《神鵰》最後一章有一句話很重要——「各人聽了，都是一怔，說到武功之強，黃藥師、一燈等都自知尚遜周伯通三分，所以一直不提他的名字，只是和他開開玩笑，想逗得他發起急來，引為一樂。」就是說在那一個時刻武功最高的當屬周伯通，如果當時才十三歲還沒正式練過武功的張三丰是個天才中的天才，居然看得出郭靖的修為，則也必須能夠看出周伯通的修為更高，第一個想到的必須是周伯通才對。事實上張三丰當時的情形還真有點像有一個人，認得字典裏所有的字，但又不知這些字的含義，然後他看到面前有本什麼世界名著，於是翻了幾頁，然後大家都說他看懂了這本書一樣——這是不可能的。所以我們有理由相信當時的張三丰並不具備分辨各人武功修為的能力。只有到了若干時日之後，張三丰正式練武並取得一定成績後才能懂得分辨，而那時已經是華山之會的三年後！當然他也不是一練就有分辨力的，但是覺遠和他相處日久，後來回憶一下，還是可以分辨出覺遠的修為的。只是這一來郭靖甚至楊過的事就不太好解釋了，這個不好解釋就是我們可以陰謀，嗯，發掘的地方了。

公元一二四六張君寶（三丰）出生，《倚天》第二回〈武當山頂松柏長〉大約是在公元一二六二年的時候覺遠和張三丰逃離少林，那時張三丰才十六歲，然後張三丰來到湖北境內，離襄陽已不很遠，挑了鐵桶，上武當山去，找了一個巖穴，渴飲山泉，饑餐野果，孜孜不歇的修習覺遠所授的《九陽真經》。他得覺遠傳授甚久，於這部《九陽真經》已記了十之五六，十餘年間竟然內力大進，其後多讀道藏，於道家練氣之術更深有心得。這十餘年可以是十年加上幾年，也可以是十年加上幾個月。反正在這個兩種解釋的十餘年中發生了一件大事，那就是公元一二七三年的襄陽淪陷，郭靖黃蓉殉難，所以如果張三丰和郭靖曾經再次見面那麼時間必須在這之前。

現在的學者做研究自然是大門不出，不過那指的是文人。

張三丰是武林中人，研究有點心得就得拿來檢驗下，證明自己沒走彎路，紅朝太宗說：「實踐是檢驗真理的唯一標準。」⑥張三丰要想檢驗自然要出去找人打打架，當時的主要戰場在襄陽，戰場上殺人不違反法律，也不必怕受良心的責罰，襄陽離武當山還算近，老張出來檢驗自己的武功，過去襄陽殺個把元兵練練功，檢驗下自己的武功和理論，順便支援一下抗元大軍，也是可以接受的猜想。這樣，老張絕對有可能在襄陽附近見到郭靖，當然老張只是夾在無知的圍觀群眾中遠觀，沒上前和郭靖套過近乎，只是跟著大眾起哄：「哇，那不是郭大俠嗎？！」郭靖當時並不知道有老張這號人物存在，只是這樣一來老張憑藉對郭靖的遠距離觀察，對郭靖的武功修為就有更深的認識了，於是才會第一個想到郭靖。同時老張的參與抗元，對後來的武當派也是一種政治資本，也成了趙敏打擊武當的重要原因之一。

楊過在新修版的出現是一個問題，好在楊過曾經把玄鐵劍送到襄陽，交給郭靖，於是我們假設老張再次見到楊過，那時的楊過武功自然更高了，張三丰的修為也足夠明白他們的程度了。當然這個送劍的時候必須是老張也在襄陽附近，雖然概率比較低，但當時戰況緊急，作為愛國人士的老張出現在襄陽也很合理。面對這樣兩個武林的大高手，難怪十六歲就打敗何足道的老張，到了三十幾歲，還自以為武功不足，不敢去救文天祥。當然張三丰的覺得自己武功不夠，還可能是他曾經見過前朝太監，像郭靖這樣的高手，死在戰場上的無名小卒之手是很令人惋惜的，只有在亂軍之中遭遇太監，不及防備之下，被前朝太監高速進攻，招架不住，負傷被殺，這才像我們心目中的悲劇英雄。張三丰目睹這一切，在沒有取勝的把握之前不敢貿然出手去救文天祥也是可能的。

註釋

①Version 2.0，套用電腦程式第一版、第二版的說法。

②電腦遊戲的術語，遊戲中打怪練級是必須的，也是提升角色等級的快速辦法之一。以張三丰的能力什麼韃子也不過遊戲中的小怪而已。

③霸權主義（Hegemony或Hegemonism），是指一國憑藉其政治、軍事和經濟的優勢，在全世界或個別地區控制他國主權、主導國際事務或謀求統治地位的政策的意識形態。

④關於北冥神功和大理天龍寺的故事參看《天龍寺——貴族大學的沒落》一章。

⑤歐洲統一思潮存在已久，早在中世紀就已經出現。中世紀時期的法蘭克帝國和神聖羅馬帝國等都將歐洲許多地區統一在其疆域之內。十九世紀初，法國拿破侖·波拿巴在歐洲大陸被英國封鎖期間實行關稅同盟，該關稅同盟對今天歐盟的建立發展有著不可磨滅的作用。一九五零年五月九日，法國外長羅伯特·舒曼提出歐洲煤鋼共同體計劃（即舒曼計劃），旨在約束德國。一九五一年四月十八日，法、意、聯邦德國、荷、比、盧六國簽訂了為期五十年的《關於建立歐洲煤鋼共同體的條約》（又稱《巴黎條約》）。一九五五年六月一

日，參加歐洲煤鋼共同體的六國外長在意大利墨西拿舉行會議，建議將煤鋼共同體的原則推廣到其他經濟領域，並建立共同市場。一九五七年三月二十五日，六國外長在羅馬簽訂了建立歐洲經濟共同體與歐洲原子能共同體的兩個條約，即《羅馬條約》，於一九五八年一月一日生效。一九六五年四月八日，六國簽訂了《布魯塞爾條約》，決定將歐洲煤鋼共同體、歐洲原子能共同體和歐洲經濟共同體統一起來，統稱歐洲共同體。條約於一九六七年七月一日生效，歐洲共同體正式成立。歐共體總部設在比利時布魯塞爾。一九九一年十二月十一日，歐共體在荷蘭馬斯特里赫特（Maastricht）首腦會議通過了建立「歐洲經濟貨幣聯盟」和「歐洲政治聯盟」的《歐洲聯盟條約》或者叫《馬斯特里赫特條約》、《馬城條約》。「馬約」於一九九三年十一月一日正式生效，歐共體開始向歐洲聯盟過渡，歐共體更名為歐盟。歐盟經歷了六次擴大，成為一個涵蓋二十七個國家總人口超過四點八億的當今世界上經濟實力最強、一體化程度最高的國家聯合體。

⑥《實踐是檢驗真理的唯一標準》，是由南京大學哲學系教師胡福明原作，這篇文章的發表，是鄧小平等人對中共中央主席華國鋒等人主張的「兩個凡是」理論進行的抨擊，標誌着真理標準大討論的開始。

第十六章　少林發生什麼事——《倚天》後的六大派

倚天（笑傲）

少林，武俠時代的江湖警察，應該領導大家對抗惡勢力的門派竟然和被目爲魔教的日月神教簽訂互不侵犯條約，難道不是件值得深思的事嗎？

詩曰：

武中出障作開篇，謝客閉門皆苦研。
孤立有心能重起，真經無計可糾偏。
速成再陷江湖日，專業今爲五嶽天。
綏靖神教圖利益，終能免禍賴良緣。

要解釋這件事，還得由《天龍》時代說起。《天龍》時代的少林確實當了一陣子的警察，甚至在《天龍》第五十回〈教單于折箭，六軍辟易，奮英雄怒〉中為解救蕭峰時出了大力，不過在《射鵰》中就沉寂了下來。火工頭陀事件固然是一個原因（不過我們對這一事件在下一部書將有不同的解讀），另一個重大的原因是少林擁有的核武器——《易筋經》的神話的破滅，核威懾①一沒有，市場份額就下降了。《天龍》第四十三回〈王霸雄圖，血海深仇，盡歸塵土〉中清潔工同志親切的指出武學障的問題，這固然挽救了一批少林精英的生命，但是由於談話是公開發表的，不僅給了本來懼憚少林武功而不敢挑戰少林地位的門派，向少林發出瘋狂的叫囂的機會，更令他們大膽的侵佔少林的市場份額，畢竟大家知道學會《易筋經》是百年一遇的低概率事件，少林市場的防衛盾被自動解除了。同時也促成了武林中人尋找和研發不會發生武學障武功的熱潮，於是新老五絕產生了。

這個時候的少林被迫閉關鎖寺，試圖尋找一種可以速成的《易筋經》，並把維護江湖秩序的任務交到新老五絕的手裏（被迫的）。在這個過程中，因爲前期在《天龍》時代少林對武林義務的承擔，造成少林幾位重要人物直接或間接的死亡，玄字輩三十餘高僧中玄悲被慕容博以其成名絕技殺死在大理身戒寺，玄苦——蕭峰師傅被蕭遠山殺死，玄難中逍遙三笑散而死，玄石為了搭救玄鳴戰死，玄慈自殺，死亡率幾近六分之一。少林逐漸形成了一種孤立主義②，決心在新一代核武器沒有研發成功之前不參與任何在江湖發生的衝突，保護根本市場。據說少林當時在當地政府的保護下設立不少貿易壁壘③，阻止其他門派進入河南地區，即使本地的嵩山派也受到打壓，結果嵩山派在《笑傲》就和華山、恆山、衡山及泰山派組成五岳劍派這個同盟。當時的孤立主義趨勢還導致了嚴格的授徒制度的引入，該模式被其他門派相繼摹仿，這被認爲是後來武學發展蕭條的一個重要誘因。

但是在《倚天》時代前期，由於得到一部分的《九陽真經》，少林把這個作爲一種新型的核武器使用，並重新參與了各種江湖爭鬥。一個並未被證實的消息說「武林至尊、寶刀屠龍。號令天下，莫敢不從。倚天不出，誰與爭鋒？」這二十四字真言傳出來後，少林派一度強行壓制其傳播範圍和否定屠龍刀有號令天下的作用，首先少林就不承認擁有屠龍刀就擁有武林話語權。事實上這二十四字真言也只對那些什麼海沙幫，神拳門，巨鯨幫之類的小幫派有吸引力，那些大門派開頭並未參與其中，這裡面少林的作用功不可沒。只是到了後來，連武當，崑崙，華山這些大派都捲了進去，這二十四字才引起大家的重視。少林這一行為對傳出這一真言的隱形boss來說無疑是一種挑戰，這也導致後來的少林和隱形boss的衝突，並引發五嶽劍派的產生。

但是《九陽真經》並不可以作爲一個獨特的產品被市場認可，因爲同樣擁有該產品的還有峨嵋和武當兩派。同時各個門派在研發無武學障武功方面都取得豐碩的成果，這些門派同樣也包括了取得《九陽真經》的峨嵋和武當，自然還有差點挑了少林的崑崙和崆峒與華山五派。這是個壟斷競爭④的時代，作爲老牌武林盟主的少林挑頭組織了《倚天》第十七回〈青翼出沒一笑颺〉對明教的圍攻，然後又在《倚天》第三十五回〈屠獅有會孰為殃〉組織了屠獅大會用以鞏固自己的市場地位。這二場大戰對後來的江湖格局產生了深遠的影響，並因為少林把《九陽神功》配合到七十二絕技的失敗，引發了後來的多元化和專業化（集中化）⑤的衝突。

這二場戰爭都有明教的參與，並以明教取得勝利告終，這點上明教的勝利，可以說是贏得二場戰爭，輸了一場戰役，由於「所砍頭太多」⑥，和武林中各大門派結下深厚的仇恨，當明教取得政權，並被朱元璋禁止的時候，這些門派趁機踩上一腳。這點引發了新明教——日月神教後來的報復行動，展開了後《倚天》時代轟轟烈烈的仇殺運動。

兩次戰爭後少林徒衆的巨大傷亡使得少林內部的孤立主義再次擡頭，也讓少林重新反思新核武器——不完全的《九陽真經》的效力，技術擴散⑦的結果令《九陽真經》面臨淘汰的危險，同時少林也期望發展出一種具有少林特徵的獨特產品。而和少林聯盟的五派和少林的關係也在此時發生改變。實際上《倚天》最後發生了一件影響後來武林幾百年進程的事，而當時只被當成孤立事件看待，這就是屠獅會了。

屠獅會上崆峒幫助了明教，和少林走上截然相反的路線。華山的矮老被丐幫打傷，大失臉面，追究起來是因爲少林圓真的責任，對此少林並未對與會嘉賓賠禮道歉，空聞一句：「衆英雄光臨敝寺，說來慚愧，敝寺忽生內變，多有得罪，招待極是不周。衆英雄散處四方，今日一會，未知何時重得相聚，且請寺中坐地。」輕輕揭過，令被懷疑是終南山後附屬機構的華山十分不滿，並且產生了脫離少林主導的聯盟，聯合第三勢力主持公義的想法，這一想法最後在《笑傲》中得到體現。峨嵋由於周掌門的離去，群鳳無首，原有的九陽功更被周帶走，在屠獅大會後不久被迫解散。武當派是這二次戰爭的最大得益者，會後新掌門俞蓮舟，在某次和其他門派的聚會時的講話中就提出了「少林已死，武當為主」的說法。崑崙派掌門的死因被少林壓下了，同時崑崙派和崆峒派素來不睦，既然崆峒派向明教靠攏，崑崙自然和少林走的很近，於是我們看到《笑傲》第十七回〈傾心〉五霸崗上崑崙派和少林的人同時出現。

這一次閉關的時間和第一次差不多，但是成果比較好，少林終於融合九陽功創造出速成版《易筋經》，然後又投入到江湖中來。雖然屠獅會上少林把武林盟主的地位讓給明教，但少林是不甘心失敗的，日月神教一出現就成為少林的頭號敵人，不過按我們前面的分析日月神教有朝廷背景，少林和政府關係一貫良好，所以少林採取等待策略[8]，投入十分有限，後來更和日月神教簽訂了互不侵犯條約，讓武當當其冤大頭。

江湖傳聞，日月神教突襲武當之前，少林已經得到其附屬機構——丐幫的通報（丐幫和少林的瓜葛見後文），但是當時的少林方丈爲了打壓武當的聲譽，將這份極爲重要的情報扣押起來，並未通告後來作爲盟友的武當。當武當派遭遇了日月神教的突襲後，其盟友擔心同樣受到日月神教的報復，紛紛脫離和武當的聯盟。這時少林向武當伸出了友誼之手，這樣武當才又重投少林領導下的武林聯盟，並成爲該同盟的最主要成員。

武當的衰落和少林的閉關，引發了其他門派爲自保而結盟的行爲，在終南山後的主持下五嶽劍派形成了。五嶽劍派的形成其實也就是武林高手由綜師走向宗師的一個過程，這個過程並不需要等到《飛狐》時代的天下掌門人大會之後才開始的。說白了綜師就是走多元化路線，會得各種武功；而宗師其實就是走專業化，專門鑽研其一，並成爲該項武功在江湖的代表。華山的氣劍之爭不是多元化與專業化的問題，而是專業化應該專那個業的問題。後來《笑傲》第十九回〈打賭〉中沒有內力的令狐冲打敗江南四友的事件，經傳媒廣泛報道後，武術界正式興起一股專業化的熱潮。這是題外，表過不提。

五嶽劍派的專業化運動觸動了少林的神經，少林擁有七十二絕技，是多元化的代表。專業化的出現，嚴重的威脅到少林武術學院的領導地位，因爲大家突然發現不必去練那麼多的絕技，精練其中一種已經可以取得成功，名成利就。少林武術班要求學生必須學足七十二種絕技才可以畢業的方法是錯誤的，只學一種就夠了，這樣學生被騙多學了七十一種絕技，而且每學一種絕技都要繳納的鉅額學費和教材費，現在突然發現在這裏所學的武功竟然有七十一種根本就是多餘的，這點嚴重的打擊了少林的聲譽和經濟來源。沒有聲譽說什麼公信力，沒有錢談什麼主持公義，當什麼江湖警察？

由於五嶽劍派佔據了道德高地，少林沒有辦法武力消滅之，能做的只是拖拖五嶽劍派的後腿，禍水東引⑨讓五嶽劍派和日月神教火拚個玉石俱焚。所以在武林聯盟的綏靖政策下，日月神教的勢力大增，如果不是任我行被囚，東方阿姨無心爭鬥，五嶽劍派已經被消滅了不知多少次。這種不顧江湖道義的做法令江湖中人對少林的崇敬減到最低點，有的甚至依附了被視爲魔教的日月神教，最後我們甚至看到《笑傲》第二十六回〈圍寺〉江湖豪傑敲鑼打鼓的殺上少林，可以說少林是自己政策的受害者。而專業化運動雖然在少林的壓制下暫時失敗，但是我們看到去到清朝的乾隆後期，專業化已經成為江湖的主流，代表人物包括諸如胡斐，趙半山和苗人鳳等一批專精一門技藝的武術名家。

很幸運，武林聯盟最終並未被日月神教消滅，但這不是少林武當有多強悍，只不過是任我行突然死亡，任盈盈爲了和令狐沖過上平安幸福的小日子而放棄了一統江湖的野心而已。

註釋

①威懾是指一種通過恐嚇和威脅來阻止一個潛在侵略者採取侵略行為的行動戰略。而核威懾是指美國和蘇聯在冷戰時期所使用的一種戰略，即把擁有核武器作為威懾對方的一種重要手段。

②孤立主義（Isolationism）是一種外交政策。通常由防務和經濟上的兩方面政策組成。防務上，孤立主義採取不干涉原則，即除自衛戰爭外不主動捲入任何外部軍事衝突；在經濟文化上，通過立法最大程度限制與國外的貿易和文化交流。下面提到的貿易壁壘就是孤立主義的一種表現形式。

③貿易壁壘（Trade Barrier）對國外商品勞務交換所設置的人為限制，主要是指一國對外國商品勞務進口所實行的各種限制措施。貿易壁壘分為關稅壁壘和非關稅壁壘，其出現原因是各國政府為保護該國的經濟不受外來產品的侵犯。

④壟斷競爭（Monopolistic Competition）是指許多廠商生產並出售相近但不同質商品的市場現象。

⑤Michael E·Porter（1985）提出三種企業的競爭策略：a·低成本領導策略（Cost Leadership Strategy）：努力追求成本的降低，並加強成本的控制，使企業在不忽略品質與服務的情

形下，花費較低的成本，而獲得高於產業平均的報酬。b．差異化策略（Differentiation Strategy）：企業提供被產業內視爲獨一無二的服務或產品，企業可透過差異化來提高其附加價值。c．集中化策略（Focus Strategy）：企業尊注於特定的市場區隔，提供特定的服務，使企業對該特定市場有更深入的瞭解，而達到高於產業平均的報酬。

⑥化用魯迅《贈鄔其山》「一闊臉就變，所砍頭漸多。」全詩：「廿年居上海，每日見中華：有病不求藥，無聊才讀書。一闊臉就變，所砍頭漸多。忽而又下野，南無阿彌陀。」

⑦技術擴散（Technological Diffusion）是一項技術從首次得到商業化應用，經過大力推廣、普遍採用階段，直至最後因落後而被淘汰的過程。

⑧靜待時機投資法，又稱等待投資策略。是投資者買進冷門低價股長期予以保存，等待其大幅上揚後再予以賣出的投資方法。

⑨禍水東引，出自三國裡的一條計策。現在說的禍水東引，指的應該大多是二戰的時候，英法美等國家為避免自己遭受損失採取綏靖政策（不抵抗或者妥協的意思）和中立政策，不去阻止德意法西斯的有意戰爭行為，反而宣揚排斥社會主義（主要是蘇聯）而將德意法西斯的注意力轉移到對戰蘇聯，因為歐洲地理位置在西蘇聯在東，故將這種做法稱為「禍水東引」。

第十七章 明教——通向仇殺之路

倚天（神鵰）

《倚天》中的明教和六大派結仇互殺，起因據說是謝遜惹的禍。事實真是這樣嗎？

我們可看到《射鵰》第十六回〈九陰真經〉中《射雕》前的黃裳時期很有些名門大派的弟子加入明教，則起碼在那段時期這些所謂的名門大派對明教還是認可的，不然一定不會允許門下弟子投身明教，而且在他們死後找黃裳報仇。這也就是說明教曾經和中原武林有過一段蜜月期，更被承認為中原武林的一分子，然而是什麼導致後來的分裂和仇殺，並把這段仇恨從《倚天》時代帶到《笑傲》時代？

詩曰：

崛起當年甚和平，一遷西域斷前盟。
私仇統做窩中鬥，國恨今成意氣爭。
號令中原唯草莽，位尊教主只空名。

重名日月州平定，天下三分勢已成。

我們知道《射鵰》前明教的崛起正是少林的第一次閉關期，這時候的明教屬於和平崛起，並迅速取代了少林成為教派的領軍門戶，成為其他名門大派的弟子畢業後的首選工作單位之一。但是明教的發展因為黃裳的打擊停滯不前甚至出現倒退，在武林中的影響力迅速遞減。《射鵰》和《神鵰》時代的明教雖處中原，但基本上是潛伏的地下組織，和中原武林的聯繫已經大不如前，甚至給中原武林人士一種神秘感，於是《射鵰》第十六回〈九陰真經〉中周伯通會說他們是「一個希奇古怪的教門」。南宋滅亡後的明教遷離中原，遠赴西域，從此和中原武林漸行漸遠。雖然說距離產生美，但是距離也產生其他的東西，例如誤會和抗拒，雖然有時還有吸引力。

《倚天》時代明教和中原武林的鬥爭並不是由謝遜挑起，早在謝遜之前明教和中原武林已經交惡。最大的衝突發生在明教和丐幫身上，一個全國性幫會和一個全國性武裝組織的衝突。衝突是因為明教的聖火令給丐幫奪去，那麼丐幫為什麼和明教結下這深仇大恨的呢？二個可能，一個是丐幫在崑崙地區和明教衝突（因為爭奪地盤和抗元領導權。），另一個則是明教北遷時遭遇從襄陽撤退的丐幫，在敵我不明的情況下打了場糊塗戰，一個以為對方是追到自己前面去的元軍，一個以為對方是宋朝組織的狙擊部隊。這一場戰爭不論發生在那裏，都直接影響了後來的江湖格局。明教失去了聖火令，丐幫的幫主耶律齊則可能在戰鬥中受傷，過早的結束年輕的生命，使降龍十八掌未能完整的傳承下來。耶律齊的死亡間接導致峨嵋與明教的交惡，終於發生《倚天》第二十七回〈百尺高塔任迴翔〉中提到的孤鴻子死在楊逍手下的慘禍。事實上明教和丐幫的衝突是無可避免的，雙方都希望掌握抗擊外族統治的話語權，雙方都同樣擁有廣泛的社會基礎，強弱難分，不起衝突那才是不合理的。最後在崑崙地區，明教又和新冒起的新崑崙派為了爭奪地盤狠打了一場。這樣明教和江湖第一大幫，以及新起的六大派之二成了仇家。謝遜出現，只不過把這場遲早要發生的戰爭提前而已。這個情形就有點像清末同盟會中的光復會和興中會鬧分裂[1]，目的雖同，方法則異，明教靠的是教軍，而丐幫依仗的則是更低階層的乞丐，兩者的教育程度，乃至紀律和企業文化都不盡相同，未能合作那是意料中事。

少林在這一系列的事件中扮演了一個很重要的角色，這個角色也導致了後《倚天》時代少林和日月神教的微妙關係。明教和峨嵋，崑崙以及丐幫的衝突其實只算私人恩怨，少林加上一腳那就很有意思了。重新投人江湖的少林，急需一個表現的機會來鞏固其老牌盟主的地位，所以少林會和武當產生衝突，為了幾個低輩份的弟子挑戰當時的武神張三丰。在張三丰百歲壽宴上的逼宮雖然沒有取得預期的效果，但是少林的領導地位畢竟重新得到確立，但這種確立實際上是建立在一種很不穩固的基礎上的。武當派隨時的一次反擊都可能摧毀少林已經取得的成就，《倚天》第十回〈百歲壽宴摧肝腸〉獨自殺上少林的張三丰就嚇得少林屁滾尿流，少林急需這樣一個共同的敵人，把武當拉到自己的統一戰線中來。謝遜的出現，恰恰為少林提供了這麼一個藉口，在維護武林公義的大題目下和缺少聯盟的支持下，武當被迫韜光養晦，投入到以少林為首的圍攻光明頂的偉大事業中去，從此接受了少林的領導。

但是你如果以為少林真的想消滅明教，當其武林警察[2]那你就錯了。

《倚天》第二十回〈與子共穴相扶將〉中提到六派圍攻光明頂，少林只是派出個空智作為六派首領，至於方丈空聞和三渡則不出場，三渡和陽頂天有仇，又不知他已經死了，竟然也不來！很明顯的少林是在隱藏實力，要的是其他五派和明教鬥個兩敗俱傷，這樣一來六大派就剩下少林一大派了。這個陰謀大概只有人老成精的張三丰看得透，所以在他的警戒下武當和明教的直接衝突減到最低，甚至對明教採取回護的措施。還是在《倚天》第二十回〈與子共穴相扶將〉當殷天正氣竭力衰之時，宋遠橋公然喊出：「殷老前輩，武當派和天鷹教仇深似海，可是我們卻不願乘人之危，這場過節，盡可日後再行清算。我們六大派這一次乃是衝著明教而來。天鷹教已脫離明教，自立門戶，江湖上人人皆知。殷老前輩何必蹚這場渾水？還請率領貴教人眾，下山去罷！」

其目的只有一個，就是保留明教實力作為日後牽制少林的重要棋子。這個提法雖然被殷天正拒絕，但是張無忌的出現改變了局面，保存了明教高層的實力，使明教成為日後武林中除了武當外另一支抗衡少林的重要力量。張無忌的歷史作用是促進了各派的聯合，推動反元大業，但是在江湖上則嚴重的削弱少林的影響力，並危及少林的領導地位。所以即使明教在萬安寺中救過少林，明知謝遜是張無忌的義父，屠獅會依然在少林召開。其中雖然有成昆的推動，但這個推動必定是因為符合少林某些人打壓明教的願望才得以推行的。屠獅會的失敗使得少林失去了武林中的領導地位，但明教革命的成功，令明教的很大部分從武林中消失，少林得到重新奪回對武林的控制權的機會。

明教革命的成功是個標誌性事件，導致江湖勢力的重新洗牌。

很多人認為假如張無忌不是半途退出，當皇帝的會是張無忌。這是個錯誤的想法，張的武功很高，但是對底層教眾，尤其是五行旗這類軍事分支的影響力其實有限，五行旗對張一直停留在感激他的救命之恩，但從未把他作為領導看待。即使是明教高層也沒有把他當成真正的領導，如果是真正看做領導，必定會和張討論請教反元的方略，並按他的意思加以執行，但是我們看不到這點。《倚天》第二十二回〈群雄歸心約三章〉張無忌接任教主之後楊逍向他說了些什麼?是明教的教義宗旨、教中歷代相傳的規矩、明教在各地支壇的勢力、教中首要人物才能性格。關於抗元大事可沒說過，當然此時張無忌剛上任，沒說也就算了。可是到了後期革命形勢一片大好，楊逍他們對於戰爭戰略的大問題，面對這個教主，也是只通報不請示。這裏有兩個可能，一是這些高層控制不來五行旗這一軍事部門，二是故意架空小張。而後者的成分是居多的，正所謂大事不討論，小事天天送，此調不改動，勢必搞修正③，修正的結果自然是小張下臺。

同時小張也沒有或未能抓戰略問題，《倚天》第二十五回〈舉火燎天何煌煌〉蝴蝶谷裏小張只是宣示和中原諸門派盡釋前愆、反元抗胡之意，又頒下教規，重申行善去惡、除暴安良的教旨。對於戰爭如何打的策略性問題並未有發表任何意見。會後又揚帆出海，當時的軍中就有傳言說小張在大家拚命抗元的時候攜美到海外度假，而這個美還要是個蒙古人，置革命大業於不顧，不滿情緒在有心人的推動下大肆滋長，形成一種對明教高層的牴觸力量，嚴重削弱了小張在軍隊的威信和對他們實行有效領導的可能。

另一小張被架空的信號來自《倚天》第四十回〈不識張郎是張郎〉小張最後一次出巡，小張多少是個主吧，不要說警衛營，就連警衛員也沒給他配置一個，這裏已經可以看出明教高層對小張的重視程度了。畢竟小張只是一個平衡各方力量下產生的教主，一旦五散人的五行旗取得壓倒性力量就再也不需要小張這個擺設了。在某些人的示意下，通過朱元璋的安排，一齣令張無忌體面下野的活劇上演了。張無忌的退位對明教並沒有帶來太多的衝擊，反而讓朱元璋抓住五散人的痛腳，得以爬升到更高的地位，奪得五行旗的控制權，並最後當上了皇帝。當上皇帝的朱元璋第一件大事是解決軍中殘餘的明教力量，下令嚴禁明教，將教中曾立大功的兄弟盡加殺戮，那就是題中應有之義了。而朱元璋的背叛革命是明教用人出了問題，立了那麼多戰功，更兼還是教主的兄弟，到頭來還是個普通教眾的身份，有功有勞，還要朝中有人，居然老被打壓不能陞官，不反就有鬼了。

面對朱元璋的嚴禁，這些虎口餘生的教眾自然會加以反擊，刺殺朱元璋也是可能的，但這些都以失敗告終——畢竟朱元璋活得好好的。最後大家想到心灰意冷的小張，找到小張隱居的地方，一番鼓動下張無忌再次重臨江湖，負起對明教的最後責任，然後小張再次神秘失蹤，江湖傳聞，小張受不了明教滅亡和大量兄弟死亡的事實的打擊，找終南山後哭鼻子去了，並把這些人託付給了終南山後。剩餘的明教殘餘在隱伏一段不短的時期後在終南山後的協助下重新組織起來。

不過新教主最終背叛了終南山後形成一個新的教派——日月神教，並與朱元璋取得妥協，這個新教派依然奉行明教行善去惡、除暴安良的教旨。《笑傲》第二十二回〈脫困〉黃鐘公說過：

「我四兄弟身入日月神教，本意是在江湖上行俠仗義，好好作一番事業。但任教主性子暴躁，威福自用，我四兄弟早萌退志。東方教主接任之後，寵信奸佞，鋤除教中老兄弟。我四人更是心灰意懶。」可見這一教義一直到東方不敗時期仍然存在，至於執行與否就看教主的好惡了。同時似乎有部分死硬明教殘餘接受終南山後的建議，加入受終南山後支持的五嶽劍派，他們的加入增強了這幾個劍派的實力，使五嶽劍派武力大增，得以在武林中同時迅速冒起。

嚴禁明教除了殺戮，朱元璋更加扶植少林武當去填補明教消失後的空間。日月神教建立後可能和朱元璋達成某種協議，得到朱元璋的祝福，而且成為朱元璋平衡江湖勢力的棋子，並從朱元璋那裏得到北冥神功，又透過朱元璋從少林取得化功大法結合成吸星大法，以此代替被張無忌帶走的乾坤大挪移。這時的市場，在日月神教潛伏期已基本為武當和新冒起的五嶽劍派所支配。日月神教的市場細分很到位，大量吸收不為這些名門大派所接納的江湖遊離勢力，於是各種幫派如五毒教、天河幫、白蛟幫之流加入了日月神教，這一來日月神教聲勢大振，嚴重影響了江湖上的既得利益者，畢竟市場就是這麼大，這些幫派一旦歸入日月神教，其他大門派的畢業生就要找不到工作了。

日月神教成立後的第一件大事就是聯合後來的五嶽劍派以及丐幫，向他們的前宗主終南山後發動一次突然襲擊，向朱元璋表忠心。在明政府的主持下，終南山後這個從後《神鵰》時代起就一直掌握江湖話語權的隱形boss被消滅了。日月神教這樣做是為了能獨立行動，和奪取武林領導的地位，甚至以後推翻明朝重奪勝利果實。終南山後被消滅後日月神教宣稱他們是明教的後身，是武林至尊張無忌和屠龍刀的合法繼承人，並向江湖各派發出正式照會④要求各派接受日月神教的統一指揮。

日月神教的出現，受衝擊最大的不是在研究將九陽和《易筋經》結合而暫時告別武林並與日月神教簽訂互不侵犯條約的少林，而是暫居領導地位的武當。當時的武當派勢力早在《倚天》第九回〈七俠聚會樂未央〉收服晉陽鏢局總鏢頭雲鶴時已經延伸到山西晉陽去了，而日月神教居然把總壇設在山西平定州，那可是武當的地盤啊！這擺明了是挑武當的刺了。是可忍孰不可忍，一場戰爭在討伐背叛宗主終南山後的日月神教聲中展開。戰鬥持續多年，結果是以武當書劍被盜結束，同時也結束了武當的市場領導地位，武當為了自保，再次被少林招降了，從此只有跟在少林後面跑腿的份。

同時同在山西這一地區的恒山派，這個被懷疑是明教女教眾的歸宿派也受到勝利後的日月神教的威脅，而由於恒山派也是建立在武當的地盤上，恒山不僅沒有得到武當的幫助，反而和武當發生了衝突。武當和恆山的衝突引發了同樣有明教殘餘組成的五嶽其他四派對武當的不滿和碰撞。在武當新敗，少林不出的情形下，五嶽劍派成了日月神教首要的競爭對手，受到日月神教打壓排擠在所難免。加上同樣出自明教，意識形態的分歧導致兩者不可調和的矛盾，五嶽劍派在發現無法獨力對抗日月神教後，想到以前終南山後結盟的提議，這一提議在終於終南山後滅亡後為五派所接納。於是一個三分天下的新局面形成了，五嶽同盟所代表的原終南山後勢力與日月神教的全面對抗展開了，直到併派活動打破這個平衡。

註釋

①一九零四年十一月，光復會在上海成立，推蔡元培為會長，陶成章為副會長。宗旨為「光復漢族，還我河山，以身許國，功成身退」。光復會的宗旨與次年成立的中國同盟會的「驅逐韃虜，恢復中華」的內容十分相近，但在革命宗旨的問題上，光復會與同盟會存在著嚴重分歧和對立。由於與同盟會宗旨異趣，「彌隙難縫」，不久光復會就退出了同盟會，仍以光復會的名義獨自進行活動。

②套用世界警察的說法，世界警察（International Police）是指聯合國安全理事會常任理事國，在中國亦指美國。

③一九七三年七月四日，太祖批評了丞相主管的外交部，「結論是四句話：大事不討論；小事天天送。此調不改動，勢必搞修正。」

④照會（note）的意思是一國政府把自己對於彼此相關的事件的意見通知另一國政府照會各國使館，具有平等基礎上進行的官方交往的意思。正式照會是外交通信中最正式的形式，一般用於處理重要事務或履行重要的外交禮節。正式照會用第一人稱書寫，用於外長之間，外長與大使之間以及大使之間的通信。國家元首或政府首腦之間也可使用正式照會，但不常用。正式照會的正本必須由發文人親自簽字。如今在外交通信中必須使用正式照會的時候不多，而每當使用必有其重要性。

第十八章　從躲在幕後到完全消失的終南山後

倚天（射鵰、神鵰）

終南山勢力作為一個被忽略的巨人在金大俠的三部曲中頑強的生存下來。比較可惜的是很少有人能看清終南山存在和影響力。

其實仔細想一下，終南山領導武林進程和少林比雖然時間不夠長，但和武當比其實不遑多讓。由老五絕時代起，終南山就是維護武林團結和安定的重要力量。即使有老五絕在，終南山也是江湖的主導力量，像江南七怪這些人組成所謂江湖的基礎群眾，就只知有全真七子多厲害，而把「東邪、西毒、南帝、北丐、中神通」當武林前輩看，更不知中神通就是全真七子的師父。可以說終南山上的全真七子其實是當時武林的重要組成部分，甚至在某種意義上比五絕還要重要。

終南山後的正式出現比較遲，那是《倚天》書尾的驚鴻一瞥，然而他的歷史和全真教一樣悠長，畢竟終南山後的古墓派創派祖師林朝英和王重陽是同一時期的人。終南山在武林中取得認可，那是王重陽的第二三代弟子多年的努力，人多力量大，影響自然也大。終南山後的發跡是由李莫愁開始，由於她武林中人才知道有終南山後這回事。但是終南山後的基業則是楊過獨力建立起來的，時間從小龍女跳崖開始。十六年中楊過建立起一張強而有力的關係網①，包括少林方丈在內的一批隱形boss都被團結到以神鵰俠為主的『小』集團中去（這個小是相對後來終南山後的大）。

詩曰：

終南山後隱高人，未出江湖做殺神。
攜去令符當獎品，傳來數字惹煙塵。
丐幫已送無油水，新主不容逃隻身。
九劍攜來山內收，結盟五嶽此為因。

十六年後楊過小龍女重逢，彼時郭襄十六歲，華山之巔再確定了新五絕後，楊過和小龍女歸隱江湖，那時小龍女四十歲了。《倚天》開頭十九歲的郭襄途經少室山，到郭襄四十歲這起碼二十年中，楊過一家從未回到終南山後。峨嵋開派小龍女應該也有六十四歲了吧，這麼些年無論如何總該給楊過生個男育個女吧？雖然《神鵰》第十三回〈武林盟主〉說她在與楊過相遇之前，罕有喜怒哀樂，七情六慾最能傷身損顏，她過兩年只如常人一年。若她真能遵師父之教而清心修練，不但百年之壽可期，而且到了百歲，體力容顏與五十歲之人無異。即便如此我們的小龍女當時也接近常人的三十二歲了，再不給楊過生個孩子就會變高齡產婦了。況且楊過的古墓派內功並不如小龍女精純，五十幾歲的人還搞出人命，多少有點太那個了。同時由於古代的避孕手段不見得高明，所以我們懷疑在他們歸隱後不久他們就搞出人命來了。

既然不回古墓，自然帶著孩子周圍走，這個孩子還必須是男的，畢竟終南山後的人說她姓楊，如果是女的楊過就必須找個倒插門女婿了，以楊過小龍女的性格這種事他們是不做的。所以他們的後代必須是男的。在這最少二十年中楊家三四人就在外面走親訪友，偶爾還幹點行俠仗義的事，收多幾個忠實粉絲。楊過的關係網也就越織越大了，小小楊一路走來，和叔叔伯伯們見見面，建立了深厚的感情，這張關係網也成了後來終南山後影響武林進程的家底。

問題是楊過有沒有攬起維護武林秩序的責任？從我們看到因為學過打狗棒法就對丐幫大力相助看，這是可能的。實際上全真教自王重陽起就負起維護武林秩序的任務，楊過學了他留下的《九陰真經》，在全真沒落後繼承王重陽的遺志那也是可能的，也是必然的。王重陽選擇終南山作為基地也是經過深思熟慮的。那個時代，政治的重心分別是金的上京會寧府（今黑龍江阿城南白城鎮）和南宋的臨安。政治中心固然更改，但是武學中心依然在原來的中原地帶，無他窮文富武，終南山靠近長安這個數朝古都，屬富庶之地，學生來源比較豐富就成了一個極佳的選擇，後來的終南山後可以屹立數百年也種因於此，可見位置，位置，這個位置真的很重要。

終南山後是什麼時候開始重新涉足武林的呢？一般的想法是在《倚天》第三十三回〈簫長琴短衣流黃〉史火龍事件後，豹隱多年的終南山後再次進入人們的視線。其實呢黃衫女子說甚麼『終南山後，活死人墓，神鵰俠侶，絕跡江湖』根本是忽悠②小張和讀者的鬼話。神鵰俠侶固然可以絕跡江湖，絕跡江湖之前當然還可以做點事情，而神鵰俠侶的後代並未包括在這句話裏，當然也能夠也有權混跡江湖，否則楊過的後代一輩子住在古墓裏，就都變成了比《鹿鼎記》華山派歸鍾武功更高強但智力更低下的一代「高手」。只不過混跡江湖的線索在《倚天》書裏並不明顯，甚至根本沒有，我們只能推斷。我們知道，無論新舊版的《倚天》，刀劍都和楊過的重劍有關聯，則歸隱前的神鵰俠侶，起碼楊過參與過刀劍的鑄造事宜。因為事關機密，知情人士應該不多，除了郭家，剩下的就是神鵰俠侶和其他在場的其他新老五絕後人了。由於郭家的後人死剩一個郭襄，倚天劍的秘密必然不會由峨嵋散播出去，這會給峨嵋惹麻煩的，而五絕後人同樣凋零，並且為了各自的利益他們會保守其中的秘密——越少人知道越少人搶奪，他們得到刀劍的機會就越大。於是我們有足夠的理由相信「武林至尊、寶刀屠龍。號令天下，莫敢不從。倚天不出，誰與爭鋒？」這二十四字是從潛力無限的終南山後傳出來的。

但為什麼要傳出這二十四個字？是神鵰俠侶還是他們的後人幹的？要說為什麼要傳出這二十四個字，先看這二十四個字引發的後果，其後果就是武林中人自相殘殺，內耗嚴重無法也無力聯合起來抗元或者對付明教。當然終南山後的目的可能只是想用這句話把武林中的惡勢力引出來加以消滅，但是少林強行壓制了這二十四字的傳播和作用，不過後期幾大門派都捲了進去，而號令天下的誘惑力實在太大了，幾乎整個武林都被捲了進去。終南山後看到事情鬧大了，又縮回洞裏去了，希望等過些時間事情平復了再出來收拾殘局，只是等到他們再度出來的時候，事情已經有了結果。

當然這只是推測，但有一點可以肯定的是終南山後活得很滋味，當楊姐姐出現，她就帶了八個隨從，墓裏她還有多少隨從？她的父輩又各自有多少隨從，這些隨從除了武功還會各種樂器，找老師教她們也是一筆開銷，不過這是固定成本而且還是沉沒的固定成本③，但是一日三餐，出外旅遊巡查業務時的可變成本就多了，這筆錢那裏來才是大問題！追究起來神鵰夫婦基本不怎麼用錢，所以花錢多是由楊二代開始的。要花這麼多錢就必須有個固定的收入來源。

倘若是現在可以發行《九陰真經》賺點版費，這在《倚天》時代是行不通的，所以我們更傾向於相信楊兒子對關係戶提供私人金融投資服務換取服務費和佣金。當然要收服務費也要人家有需要才行。由於大量的互相殘殺出現，自然就需要有大量提供保護服務的人，說到這裏我們也就知道這二十四字是誰為什麼傳出來的了。為了散佈謠言製造事端，甚至控制事態的變化，終南山後必須有一批自己的諜報人員從事造謠和情報搜集活動。所以《倚天》第三十九回〈秘笈兵書此中藏〉我們看到黃衫女子對峨嵋派的一個沒什麼名氣的尼姑靜照是不是處女也瞭如指掌，如果不是有一張龐大的情報網這是不可能做到的。因為峨嵋派也是終南山後關注的門派之一，一旦六大派結盟，這六大派中其餘的五派也就納入終南山後的監察範圍，於是我們見到一條《笑傲》中華山派和終南山後的聯繫的伏線。同時由於華山派的武功和表現，使我們對華山身居六大派的能力表示懷疑，並懷疑該派曾經接受過終南山後的幫助，是終南山後眾多分支機構之一，這一門派在丐幫脫離終南山後控制之後，對終南山後變得尤為重要。

那麼終南山後在《倚天》前期做過什麼事？

比較可能的有幾件，第一件是參與了新崑崙派和明教的紛爭。老崑崙派掌門青靈子是楊過的朋友，當其派被明教消滅的消息傳來，給楊過提供了一個離開古墓的藉口。同時丐幫也和明教產生衝突，丐幫雖然搶到聖火令，卻犧牲了耶律齊這個幫主，也導致降龍十八掌的失傳。五絕後人乃至丐幫自發的對明教發動一次報復行動，因為有五絕後人和丐幫的牽制，新崑崙派得以在崑崙山中明教的眼皮底下存活下來。但是因為楊過沒有親自出馬這場報復行動並不成功，老五絕後人損失慘重，後來在終南山後的要求下，朱武家族就此定居當地保護新崑崙派。

事後丐幫透過他們的全球定位系統尋找楊過，並請求他出手為丐幫復仇。古代的資訊比較閉塞，到他們找到終南山後時可能楊過已經死了，不過終南山後人還是答應出手相助，這時可能已經是事發後的二十年乃至三十年後了。終南山後人出手的結果導致明教教主和部分老法王散人之類的高管的死亡，於是由陽頂天接位，並委任一批年輕高管。從此明教和丐幫開始互相仇殺，由於有終南山後的撐腰，丐幫沒有被消滅，但開始淪為二流幫會，直至《笑傲》時代，丐幫依然未能恢復元氣，當然《笑傲》時代丐幫的沉淪和終南山後的其他作為也脫不開關係，但這是題外話，關於這個我們將在以後再做分析。而終南山後對明教的報復並未停止，江湖上有小道消息說成崑是在終南山後的授意下發動六大派對明教的進攻的。

第二件自然是為丐幫平叛，並把丐幫作為禮物交給明教，同時還救了小張的義父。

第三件就是關注楊過小妹妹郭襄建立的峨嵋派，使其在武林中不被人欺負，因為其關注達到令人驚訝的程度——連臨時起意的暗殺行動都可以掌握，我們懷疑終南山後對書中的其他各派都有過滲透，並可以在必要時啟用這些潛伏力量。

在這期間終南山後可能參與了對金蠶蠱毒的圍剿作戰，並和後來的五嶽劍派的前身建立一定的聯繫，甚至支持他們之中的《射鵰》時期被鐵掌幫打殘的衡山派重新建派，最後他們都成為終南山後的分支機構。

《倚天》裏這位終南山後很可能是黃衫女子的父輩，畢竟第三十三回〈簫長琴短衣流黃〉史小紅說當她到終南山後時黃衫女子見到打狗棒並不認識，是進墓出來才知道的。所以黃衫女子最多只可能是終南山後的少主，而墓裏面的那一或幾位才是參與《倚天》時代前期江湖活動的重要人物。但是黃衫女子出山後對終南山後的政策做了修訂，從反明教一變為親明教，並把丐幫交給明教作為貢品。畢竟當時明眼人都知道改朝換代的時候到了，而明教是最有希望的勝利者。站隊的時候已經到了，黃衫女子立馬向明教表忠，以便取得新朝的認可。不過站隊是有學問的，站錯了固然要滅亡，站對了但站的太遲或太早都一樣會受到懲罰。終南山後的忠表的太早，張無忌給人刷下來了，被作為禮物的丐幫也打了水漂，丐幫從此和終南山後斷絕來往，同時也和後來的山寨版明教日月神教交惡，最不幸的是作為張無忌的支持者，朱元璋在明朝尚未建立就已經著手準備對終南山後的打擊，只是由於並沒有掌握江湖上的勢力不敢輕舉妄動而已。

小張被刷下來，最受打擊的自然是支援小張的終南山後。限於當時的環境，當明教換主的消息傳來，終南山後在不知就裏的情況下採取了觀望態度。及後，終南山後發現明教被朱元璋控制，並且朱元璋當上了皇帝，終南山後被政府承認為武林霸主的願望落空。同時因為戰爭的緣故，終南山後的關係網受到嚴重的摧殘，基本只剩下終南山後這一個基地，成了名副其實的「基地」組織④。為了重奪武林的控制權，在朱元璋大殺明教高層後，終南山後極力慫恿小張去踢朱元璋的館，很可惜小張已經心灰意冷，再加上被前朝太監痛扁了一頓，這時就想飄然遠遁。為了鼓動小張復仇終南山後把獨孤求敗的劍法教給了小張，在小張打敗前朝太監後由小張整合成後來獨孤九劍交回終南山後。很重要的一點是，交出重劍代表楊過不再需要重劍，已經達到獨孤求敗所謂的無劍勝有劍之境，獨孤求敗既然沒有劍法傳下，則《笑傲》中的獨孤九劍當出自終南山後。楊過的內力是吃類固醇後在洪水海浪中練成的，九劍有口訣而無內功也就十分合理了。

作為回報，小張把明教的殘餘力量交給終南山進行託管。部分不願接受日月神教改編的殘餘據說甚至加入了後來加入五嶽劍派的某些門派，這些門派據說和終南山後又都有著不同程度的聯繫。另一方面終南山後也可能發動其關係網來支援小張，並提議包括華山派在內的五大劍派組成聯盟，共同進行對明朝的顛覆活動。這樣的直接挑戰國家機器，令終南山後失去大部分追隨者的支援，既不出工也不出力，只是偶爾幫忙搖搖旗吶喊幾聲，這當然包括華山派和被懷疑同樣是有明教殘餘分子參與組成的其他四個劍派。

可惜的是終南山後還沒來得及給朱元璋製造如何太大的麻煩，朱元璋已經因為皇長子的死亡，開始清理所有對孫子將來統治的障礙，朝堂上的是搞了個「藍玉案」⑤，江湖上則是企圖消滅包括反明死硬派的終南山後和明教殘餘。最終明教殘餘改名的日月神教向朱元璋效忠，在接納日月神教後，明朝終於騰出手來對終南山後的顛覆基地進行圍剿。同時加入對終南山後清剿活動的還有某些武林大派，畢竟終南山後在少林的表現給這些大派一個很嚴重的威脅，他們都害怕被終南山後搶奪市場，甚至在不久的將來淪為終南山後的附庸。終南山後的關係網雖然龐大，但江湖上最大的門派少林一直是終南山後的絆腳石，所以我們有理由相信少林在此一事件中有不可忽略的重要作用。

一場大戰後終南山後的基地被摧毀，終南山後的江湖勢力，和基礎也被徹底摧毀，我們不能排除有漏網之魚，但是小魚成不了大事。有人甚至猜測日後的五大劍派有很大一部分人參與了對終南山後的圍剿活動，藏在華山派的終南山後臥底在此之前已把改良版獨孤九劍帶到華山，並在事後隱居華山，後來又把劍法傳給華山派某位可造之材，終於在若干年後一個叫風清揚的年輕人學會了這套劍法。同時未經證實消息說包括日月神教，五劍派，丐幫在內的江湖門派，恐懼終南山後龐大力量的江湖勢力，在少林鼓動下參與了對終南山後的這一次突然襲擊，據說五劍派中的明教殘餘對終南山後瞭解最多，也最對終南山後的力量為懼怕，所以在這次突襲中扮演了重要的角色，並且在戰爭中幾個劍派和日月神教因為分贓不均又發生衝突，最終導致五劍派和日月神教數百年仇殺。

在終南山後被消滅之後，五大劍派和新明教——日月神教的衝突日益嚴重，少林過橋抽板，而武當由於內部鬥爭仍然十分激烈，對五大劍派的求援不能給予任何援助。結果無力獨抗日月神教的五大劍派在獨自和日月神教鬥爭了一段不短的時期後，終於在面對共同敵人的前提下，有人提出了當年在終南山後領導下聯盟的事，並提議組成五嶽劍派，這一構想很快為五派接納，最後五派公決，成立了五嶽劍派，形成了《笑傲》中的五嶽聯盟，終南山後臥底的傳人也成了盟主，從此展開了轟轟烈烈的《笑傲》時代。

註釋

① 一家公司若是想建立持久不衰的市場地位，首先要和顧客、供應商、配銷商與零售商建立各種堅固的關係。也就是說，必須要善用產業的基礎結構關係，創造公司利潤的空間，因此「關係」對其社會互動與商業運作之影響甚鉅，為不可輕視的重要概念。Yeung, I. Y. M., & Tung R. L. (1996). Achieving business success in confucian societies: The importance of guanxi. Organizational Dynamics, 25(2), 54-65.

② 北方的俗語，在東北尤其流行。忽悠的本字是「胡誘」，胡亂誘導的意思，就是利用語言巧設陷阱引人上勾。「忽悠」的本質是「不擇手段坑蒙拐騙」，但是與「詐騙」一詞比較起來，它好像更溫和一些，具有一些調侃玩笑的含義。和廣東話「老點」意思相近。

③ 沉沒成本(Sunk cost) 被定義為：一項投資無法通過轉移或銷售得到完全補償的那部分成本。就是指業已發生或承諾、無法回收的成本支出，如因失誤造成的不可收回的投資。沉沒成本是一種歷史成本，對現有決策而言是不可控成本，不會影響當前行為或未來決策。

④ 基地組織（Al-Qaeda)成立於一九八八年，由本•拉登創建，拉登成立該組織的最初目的是

以此組織為基地，來訓練和指揮與入侵阿富汗的蘇聯軍隊戰鬥的阿富汗義勇軍。蘇軍撤退後，目標轉為美國和伊斯蘭世界的「腐敗政權」。二零零一年九月製造了九一一恐怖襲擊事件。

⑤藍玉案：洪武二十六年（一三九三），明太祖朱元璋借口涼國公藍玉謀反，株連殺戮功臣宿將的重大政治案件。錦衣衛官員告藍玉謀反，將要在太祖朱元璋出行時行刺，藍玉因此被殺，夷三族，坐黨論死者一萬五千人，史稱「藍獄」。因藍玉案被株連殺戮者，當時稱之為「藍黨」。藍玉案是朱元璋在世時最後一次大規模的清洗運動。傳統的觀點，說是為太孫允炆繼位掃清威脅。

第十九章　聯盟的前世後身（倚天）

五嶽劍派是金書裏唯一一個長時間存在並發展到要合併的聯盟。不過《笑傲》裏面提到這一聯盟的地方雖然多，但對這一聯盟的很多事情並沒有交代清楚。是的，很不清楚。一個表格可以讓我們發現我們對五嶽劍派結盟之前的一切所知的實在很少，少到無知的地步。

門派	建立時間	參與聯盟時間	之前和日月神教結的仇
五嶽劍派	《笑傲》前	不適用	不適用
華山派	元（三百餘年前）	無（一百二十年前）	無
嵩山派	無（三百餘年前？）	無（一百二十年前）	無
恒山派	元（數百年前）	無（一百二十年前）	無
衡山派	宋（四百餘年前？）	無（一百二十年前）	無
泰山派	元（三百餘年前）	無（一百二十年前）	無

詩曰：

丐幫空賣不招財，明教輪莊塌了台。
會後峨嵋無助力，新收華嶽未成材。
尤爭帝闕人心去，坐困終南虎將來。
五嶽難當神教臂，聯盟竟是笑言栽。

這就是我們對五嶽劍派結盟前的所有知識，現在我們知道自己多麼無知了吧！

對於五嶽劍派的建立時間我們只能推斷為元朝以後，畢竟當時有六大派，華山派為其一，同時當時也無日月神教，而這個聯盟是為對付日月神教而組建的。一個合理的推斷劍派聯盟創立於日月神教組建之後。因為我們認為日月神教是明朝建立的，那麼該五嶽劍派也必須是明朝甚至以後建立的。沖虛雖然說過五嶽劍派在武林崛起，不過是近六七十年的事，但這只是指五嶽劍派這一個聯盟，而不是分指這五派。

這一聯盟的家底固然不及崑崙、峨嵋，但是作為其一的華山派我們知道最少是和武當同時建立的。至於其他各派，《笑傲》第三十二回〈併派〉天門道人說：「泰山派自祖師爺東靈道長創派以來，已三百餘年。」《笑傲》第二十九回〈掌門〉樂厚曾道：「恆山一派，向由出家的女尼執掌門戶。令狐沖身為男子，豈可壞了恆山派數百年來的規矩？」沒有三百年以上那是說不得數百年的，這樣看來泰山派和恆山派都有超過三百年歷史。衡山派在《射鵰》第二十六回〈新盟舊約〉裏給鐵掌幫打殘了，可是只是一蹶不振而已，畢竟也曾經威震天南過，死灰復燃起來是很容易的，所以衡山派可能是五派中歷史最悠久的。嵩山派書裏面沒有點明，不過我們認為他們實際上也是在三百餘年前就出現了，擁有比武當更悠久的歷史。

什麼原因導致了這五派的出現呢？首先我們看到這三百餘年前正是《倚天》第一二章之間，那時少林剛獲得《九陽真經》，還處於孤立主義時期，張老道還在洞裏搞他的博士後論文，新五絕死的死、隱的隱，再加襄陽陷落，蒙軍橫掃，丐幫和明教受創，壓在中小門派頭上的幾座大山已經被移走，江湖上出現一大片的權力真空，崑崙、崆峒等老牌固然重新冒頭，後來的五嶽劍派這時趁勢而起也是可能的。但這只是崛起的條件，是一堆等重待星星之火的乾柴，而正在這時候，江湖上冒起了這點星星之火。這點火花只在《倚天》第二十一章〈排難解紛當六強〉中被提起過一次，那就是「金蠶蠱毒」。當時提到這點只有各派的耆宿卻盡皆變色，年輕的不知厲害，那是說事情發生在耆宿們的青少年時代，那也就是起碼六七十年前了。當年一個使用「金蠶蠱毒」的門派從苗疆入侵中原，新老五絕死的死，隱的隱，由於沒有對付他們的高人出現，金蠶蠱毒幾乎橫掃了整個中原武林，各個地方豪強為了自保紛紛組織起來，和金蠶蠱毒進行堅決的鬥爭，這些自發性組織後來形成了包括五嶽劍派在內的諸多新的門派，並取得了某些在這次戰鬥中被滅亡的門派的市場份額。

六大派圍攻明教那是西元一三五七年的事，其時張三丰一一零歲，七十年前張三丰才四十歲，武功剛大成，雖然也可能參與到這場對付金蠶蠱毒的聖戰中去，但武當那時只是一人公司不可能成為主力部隊，主力應該是我們的隱形boss終南山後！金蠶蠱毒一路擴張，終於和丐幫這個第一大幫接上戰，耶律齊或他的徒弟可能就是死在他們手裏，這一來惹惱了楊過，楊過一怒出手，發動他的關係網，像捏死螞蟻般就把金蠶蠱毒派的館給拆了。金蠶蠱毒雖然被瓦解了，五個劍派則趁這個無人看管的機會冒了起來，並頑強的生存到《笑傲》時代。而作為主將的楊過帶著兄弟們從廣東打回終南山，一路上和這些新建立的門派交上了朋友，把他們吸收到自己的關係網中去也是有的。

同時五嶽劍派的成員怎麽說也不可能剛一建立就組成五嶽劍派這一聯盟。說到在武林崛起，金書的慣例是二代以上，一代三十年，則崛起六七十年的五嶽劍派起碼要組建於一百二十年前了，這個時間和我們推斷的明教的滅亡時間相近。這個推論告訴我們五嶽劍派極有可能是在明教毀滅後突然聲勢大振起來的，一個教派的消失，而後幾個門派突然冒起，難免令我們懷疑其中有什麼關聯。甚至更進一步的認為幾派都有明教的殘餘參與的，屬於先天的反日月神教集團。

另外衡山派這家武林第一的音樂學院同樣被懷疑和終南山後有緊密的聯繫，據說該派曾經教過包括黃衫女子在內的終南山後很多人樂器演奏之法。至於恒山派，當日月神教把總部搬到他們附近，兩者之間必然產生過衝突，並爭鬥不休。如果當時的終南山後還沒滅亡，則恒山派也可能接受過來自終南山後的援助。並且在面對日月神教這樣一個強大的敵人時，終南山後有可能提議恒山派和受終南山後影響的其他四個劍派組成聯盟，接受終南山後的領導作為第三勢力分享市場。

有一個比較有趣的現象，就是包括華山在內的五嶽劍派都在這一時期走上了專業化的道路，並且專劍法這個業，這樣一個低概率事件本身就值得我們去懷疑，去研究。而且他們不是說五嶽劍派，同氣連枝嗎？除了系出同源又同氣連枝還能有什麼解釋？唯一的可能是五派都是終南山後的組織成員，並在楊過的影響下走上鑽研劍法的道路！

明教被明朝取締，而終南山後也即將在不久的將來面臨同樣的命運。關於明教的殘餘死硬派的下落，由張無忌的下野到明朝的建立期間不過兩年時間，金大俠沒說，時間又短，我們實在無從稽考到底發生過什麼大事。

當然江湖傳言還是有一些的，例如有人說楊逍逃到華山，並把所學的一點乾坤大挪移傳授給華山派，形成華山的變臉紫霞神功。不過前面的推斷已經不那麼靠譜了，這個傳說就更空中樓閣了。所有資訊帶給我們的只有一個可能——就是華山派和終南山後有過某種程度的聯系，也因為這個聯系他們取得獨孤九劍，如此而已。

接下來的事就比較簡單了，日月神教的建立和投靠，使明朝擁有了控制江湖的工具，終南山後這個顛覆基地成為被消滅的首要目標，而終南山後也真的被消滅了。我們估計早在明教被清算時期就有一部分原來的明教高層被迫離開，流亡江湖，最後在終南山後的安排下加入到五嶽劍派中的某些門派中去，畢竟這些門派其實就是楊過當年建立的關係網，明教高層的加入使他們突然擁有和武當少林爭奪市場的能力，同時也令某些門派對終南山後的強大力量深懷戒心，並在最後聯合丐幫，日月神教幫助明朝軍隊對終南山後發動突襲，毀滅了終南山後這一終極boss。

支持者終南山後消失後，同樣擁有明教高層的五派和日月神教終於因為意識形態的分歧發生衝突。在武當、少林等大派沒能力也沒有意思幫助這些帶有潛在威脅的中小門派的情況下，受日月神教打壓的五派在經歷一段時期的共同戰鬥之後，很自然的想到終南山後的提議，走到一起組成了五嶽劍派。可以想像如果少林有負過其江湖道義的話，棲身附近的嵩山派是不會也不用加入到五嶽劍派中去的。

那麼結盟前的華山派和日月神教發生過什麼衝突？這五派中，華山派是資料最多的門派，但是這些資料對我們分析結盟前的事並沒有太多的幫助。事實上這一時期的五嶽劍派是除了武當外最難挖掘的組織了，五嶽劍派是明顯的資料不足，而武當在多部書中出現，看似資料充足，但是關於這一時期的武當的資料其實比華山派還少，當然這是題外了。手頭的資料迫使我們向《倚天》追尋，華山派最後一次出場是第三十五回〈屠獅有會孰為殃〉的屠獅會上，華山派的矮老者惡鬥丐幫的執法長老，那時候他們已經是知道白垣之死和明教無關，而掌門又剛被廢不久，人心浮動，本該留在華山進行內部調整，但他們依然要來爭屠龍刀，則華山派似乎一早有稱雄武林之心，那麼後期這個五嶽劍派會不會是由華山派牽頭的呢？但是我們也看到作為掌門的鮮于通，武功平常，而即使是武功更高的高矮老者也不如丐幫的執法長老，憑這樣的武功如何雄霸江湖？如何敢牽這個頭？

只有兩個可能。

一、華山派還有其他高手和武功；二、華山派有靠山，所謂華山派只是明面上的稱呼，背後的控制集團才是華山派真正的靈魂！但是像屠獅會這樣的重大場合不是應該把最好的人派出去嗎？能力與野心不相稱，令我們否定第一個推論，並開始認為華山派背後有一個巨大的陰影，而這個陰影正是我們的終南山後！華山派或許不過是終南山後一個不太重要的分支機構而已，終南山後向來監視六派，經歷了《倚天》第二十七回〈百尺高塔任迴翔〉的萬安事件後，終南山後看到明教的坐大，有心於江湖的終南山後派黃衫女子從古墓中出來協助丐幫，並開始動用終南山後的江湖力量來對付明教，而這力量當然也包括了華山派。黃衫女子曾經命令高矮老者挑戰明教，其後在少林黃衫女子見到明教勢不可擋，突然改變主意主動拋出丐幫賣身投靠，但並沒有事先通知其盟友華山派，導致華山派在少林出了個不小的醜。

事後丐幫脫離終南山後的控制[1]，華山對終南山後突然變得重要，成了終南山後在江湖的唯一合法代言人，為了安撫華山派，同時也為了增強華山的競爭力以取代丐幫背叛後終南山後在武林的空隙，黃衫女子為代表的終南山後對華山派的武功進行了改造和提升。終南山後的實力令江湖上的其他的門派深感不安，最後終於丐幫，日月神教連同政府軍向終南山後發動突襲。頗受終南山後信任的華山派，由於光明頂事件後實力大損，未能參與此次活動，最終終南山後的臥底回到古墓，找到新版獨孤九劍，日後華山派某位帥哥從終南山後臥底的傳人手裏獲得新版獨孤九劍。

五嶽聯盟的出現受衝擊的不是日月神教而是武當少林，自知並不擁有足夠的武藏，五個門派根據終南山後的提議走上專業化的道路，開創了以研究劍法為目的的時代。走專業化道路是必然的，少林的七十二絕技已經基本囊括了拳腳兵刃上所有的市場，連武當也要另外發展出截然不同的以太極為主導理論的太極拳和太極劍來抗衡，五派沒有張三丰級別的高人，差異化的路既然已經給武當走了，能做的就剩下專注這一點了。專注什麼才好呢，拳腳是不可能的了，少林有七十二絕技主要就是拳腳，當然也包括兵器，今年用一號絕技，明年用三號絕技，大大延長其產品生命週期②。像武當那樣搞一套萬能理論出來又沒有人才，於是五派聽從了來自終南山後的建議搞劍法上的專注了。這一行動是有效的，起碼在開始的時候是這樣的，精湛的劍法協助五派抵擋住日月神教的瘋狂進攻，成為當時的抗日英雄。只有到了後期，發生了《笑傲》第三十回〈密議〉中提到的大批高手在華山思過崖死亡的事件，許多絕技失傳造成五派武力的大幅下降，諸如華山和嵩山派才會想起林家的避邪劍法，並引發《笑傲》書中的諸多事端。

當然所謂的對抗，並不是發生在五派和日月神教之間，而是發生在五派和少林之間。畢竟作為「名門正派」，即使五派對日月神教取得勝利，也不可能去接收日月神教的邪魔外道市場，最終也還是要去搶奪少林武當的正道市場。也就因為這個緣故，作為名門正派，抓住武林牛耳朵的少林才會對日月神教態度曖昧，和他們簽訂不侵犯條約。而最後五派聯盟也真的在少林的打壓和陰謀下瓦解。

註釋

①參看本書最後一章關於丐幫的分析。

②產品生命週期（Product Life Cycle），簡稱PLC，是產品的市場壽命，即一種新產品從開始進入市場到被市場淘汰的整個過程。生命週期理論是美國哈佛大學教授雷蒙德．弗農（Raymond Vernon）一九九六年在其《產品週期中的國際投資與國際貿易》一文中首次提出的。費農認為：產品生命是指市上的的營銷生命，產品和人的生命一樣，要經歷形成、成長、成熟、衰退這樣的週期。就產品而言，也就是要經歷一個開發、引進、成長、成熟、衰退的階段。

第二十章　武當的尷尬

倚天、笑傲

武當本來就是個異數，短短數十年間建立起挑戰少林的基業，這固然有時勢的原因，當也和武當的正確策略有關。武當建於少林重新崛起的時候，而可以壓制少林和武當的新老五絕又死的死、隱的隱，這給了少林、武當乃至《倚天》中其他門派極大的發展空間。比較有意思的是從《倚天》到《笑傲》其中時間不長（由元朝而明朝），而武當竟然站穩腳跟成了武林第二號門派，這點很值得我們關注。但是金大俠對於道教不怎麼待見①，所以並沒有仔細的告訴我們武當是怎麼成功或失敗（畢竟他未能超越少林）的，不過這樣也好，這倒給了我們分析時順便陰謀下的空間。

詩曰：

橫空立派緣奇數，鎮壓群魔勝宙斯。
少室山頭低皓首，光明頂上順天時。
新傳太極人難禦，舊訂方針法再施。

五嶽未連成對手，良機一失悔來遲。

《倚天》中武當的出現是一個謎團，張三丰憑籍幾十年的學術研究建立起本身的威望和武當的強勢地位，武當憑籍奧林匹斯山上的一個宙斯就可以統治整個世界，這件事本身就不怎麼讓人信服。所以我懷疑武當的出現和少林的西路軍事件都是少林重登盟主寶座的計劃的一部分。西路軍事件的起因是一個旁聽生讓眾多的教授出了次醜，旁聽生火工頭陀偷學，偷學拳招，這本來是可能的，但書上同時說他「那監廚僧人拔拳相毆，他也總不還手，只是內功已精，再也不會受傷了。」內功這東西是要有人傳授的，看人打坐練內功是學不到的，梅超風就因為沒人傳授內功而走火入魔，現在火工頭陀內功已精，因此我們有理由相信，火工頭陀實際上是少林某位老大的學生，挑起此次事件以掩蓋西域少林出現的目的。而西域少林的出現其實和《天龍》時代丐幫攻打少林有莫大關係，少林有感盟友的背叛，決定設立分支機構，緩急之際可以為用。

但是這樣做無異打破武林中的勢力平衡，所以有必要找一個像樣的藉口，火工頭陀接受了其師父的命令找個因頭大鬧了一次少林，並藉機會除去了反對建立分支機構的方丈等人。這個大佬就是繼任的少林方丈，很有可能還是後來在新修版《倚天屠龍記》第十六回〈剝極而復參九陽〉中和王重陽鬥酒的少林和尚。少林的分拆導致本部實力的減弱，故而《射鵰》、《神鵰》時代無力主宰江湖。不過西域少林生不逢時，《倚天》開始時為西元一二六二年左右，西路軍出走於七十多年前那麼應該是西元一一九零年左右的事了，西域當時仍是金國的地盤，西路軍孤軍深入，在當地站住腳跟建立起自己的地盤大概也要花上近十年的光景吧，所以西路軍打響西域少林的名頭應該是西元一二零零年間的事了，可惜出世遇上飢荒年，不出十年就遇上蒙古大汗成吉思汗叛金自立的事件，西域少林因為戰亂和中原少林失去聯繫，最終因為失去了作為少林分支的作用而被少林本部放棄。不過西域少林也可能並未打響名堂，畢竟那時的西域已經是回教的天下。當然少林並未就此放棄在武林中殖民的想法和做法，達摩堂首座無相禪師[2]就創立了韋陀門[3]作為少林的外延，這一門派到《飛狐外傳》時期依然存在。

武當出現前，作為武林第一大企業少林壟斷市場時間長達數百年，數百年來少林都以七十二絕技稱霸江湖。雖然絕技多，可以不時替換，能延長產品生命週期，可是數百年下來這些絕技的秘密基本已經為人所知，壟斷優勢已經逐漸失去了。還好少林在這個時候得到了殘缺不全的《九陽真經》，並把這個用在七十二絕技上，總算勉強守住了強勢，然而時間實在太短了，少林並沒來得及把九陽融化到少林的其他武功上。不成熟的核武器有時比沒有核武器更差，所以少林在《倚天》裏的聲勢雖大，實力卻是很虛的，丐幫都有力量滅了他。因此少林對武當抱有希望，希望武當成為自己的殖民門派，所以對背叛少林的張三丰和他組織的武當派並未十分壓制，這算是武當成功在武林中取得立足點的一個機遇了。同時武當也沒有一開始就和少林搶市場，畢竟市場空間還很大，沒有必要馬上挑戰市場的領跑者，那時的武當只是和光同塵的當上六大派之一，而在這時《倚天》第十回〈百歲壽宴摧肝腸〉老張也親自上了少林，承認了少林的宗主地位（這是按少林官方歷史檔案的說法，武當的歷史檔案講的則和這有很大出入），名義上成為少林的殖民派之一。

這個局面終於在張三丰研究出太極這一劃時代的全新的武學理論後被打破了，同時明教的教主——可能的皇帝又是老張的徒孫，新理論配合新形勢，使武當主動出擊走到了臺面，武當的聲勢達到了前所未有的高峰，那時連少林都不敢正面挑戰武當的權威，武當從少林的控制下獨立出去。很可惜天然盟友張無忌給人刷了下來，武當突然發現自己成了新勢力的敵人，武林中基本沒有支援自己和張無忌的力——除了終南山後。不過武當和終南山後並沒有直接的交往，雖然終南山後會力邀武當加入他們的擁張同盟，但是人老成精的張三丰是不會在小張失蹤，局勢不明朗的情況下貿然參與其事的。這就使武當派成為當時最孤立無援的門派，武當派雖然是大派，建立的時間其實不長，根基和資源明顯不夠，因為底氣不足，也就不敢隨便惹事，潔身自好的結果反而使武當避免因為站錯隊受到新政權的秋後算帳的打擊。

俞蓮舟雖然接替宋遠橋當上武當掌門，可是宋遠橋當了二三十年掌門，宋派的勢力依然存在，宋派的勢力就是反張無忌和反張三丰勢力，而反張其實就是反俞，俞蓮舟首先要做的是建立自己的勢力，把掌門的位置做穩了再說。江湖有傳說，《倚天》第十回〈百歲壽宴摧肝腸〉五大派突襲武當，那是宋遠橋搗的鬼，目的是想向萬年掌門張三丰逼宮，老張當時是看透這點的。但是宋遠橋羽翼已豐，所以隱忍不發，假意研發新武功，讓宋遠橋決策一切，等待時機再把宋遠橋廢了，彷彿後來慈禧太后放手讓光緒搞新政的做法。掌門要有領導力，也要有能力，武林中的能力就是武功。武當的武功來自《九陽真經》這一劃時代的核武器，但是自從老張上了少林，跟少林簽訂「核不擴散條約」④後，武當少林都不曾把《九陽真經》明顯的用在自身原有的武功上，而是化入自己的武功中去，同時由於老張的不完整《九陽真經》曾經輸給前朝太監，深明其中有重大漏洞的老張在多年研究後終於創出劃時代的太極，而少林也在最後弄了個速成版《易筋經》⑤，只有沒簽訂這一協議的峨嵋鬧出個峨嵋九陽功。俞蓮舟既要練好新創的太極又要面對舊勢力的限制，可以想像是沒有法子在那個時候過多的牽涉到挺張活動中去的。當武當的局面穩定之後，江湖的勢力重分配也已經完成，小張算是完成歷史任務退出歷史舞臺。免於牽涉到政治糾紛中的武當獲得當政者的認可，繼續在自己的領地上發揮其影響力。可惜在清除了派內的反張派後，武當面臨的一個十分尷尬的場面，張三丰驅除韃虜的願景已經因為明朝的建立自動消失，一個沒有願景的機構就是沒有目標的企業，沒有目標也就訂不出任何策略。俞蓮舟在老張的陰影下和宋遠橋的牽制下只能恪守之前為驅除韃虜訂立的策略，駕著武當這艘大船在江湖上漫無目的的飄著，而武當最後也和三合會⑥一樣從秘密會社淪為真正的黑社會。

這個時期，一大批站錯隊的武林門派被朝廷和追隨門派消滅，市場的空間巨大，武當和少林的衝突被遲滯了。遲滯的結果是武當在墨守太極的成規中衰落，而少林的速成版《易筋經》卻利用這一空檔成熟，並被練成。武當失去了一次壓倒少林的機會。但是不和少林起衝突，武當卻和另外一些門派發生摩擦，這些是新冒起的門派（注意，不是冒起的新門派），有人懷疑他們中間有明教被清洗後的殘餘分子。這些門派後來和華山派組成了五嶽劍派。發生摩擦的原因和經過已經不可考，其中一個推測說和女人有關——懷疑有明教女教眾組織參與的恆山派在武當的勢力範圍突然一改多年來的低調，十分強勢的和武當搶奪山西的市場，和武當起了衝突。總之結果是他們捨棄少林這個孤立主義門派的同時也捨棄了這個正在和日月神教做鬥爭的武當派，自己組成了一個聯盟，如果武當派和他們沒有過摩擦，出現在《笑傲》中的將會是一個以武當為主的六大派的聯盟。

什麼事能導致武當和新冒起的五嶽劍派以及日月神教產生摩擦？首先是市場——勢力範圍將

會是個迫切需要解決的問題。日月神教在從明教轉型後的主營業務是江湖上中小門派以及沒有門派歸屬的孤魂野鬼。這件事上他們和武當一直沒有產生摩擦，和日月神教有摩擦的是後來的五嶽劍派，未結盟的五嶽劍派曾經向少林和武當尋求過援助，但是少林閉關不接外客，武當則因為內部重整拒絕了對五嶽劍派的援助。五嶽劍派在對抗日月神教的同時也從事勢力擴張，因為目標市場的雷同，和武當派之間肯定有競爭和摩擦，這就使五嶽劍派和武當漸行漸遠，於是市場上形成了少林、武當、日月神教和密謀結盟的五嶽劍派為首的幾大勢力。

不久之後事情又發生了變化，鑑於市場勢力日趨平衡，日月神教在平定州這個武當的勢力範圍內建立了自己總部，這一來引發了日月神教和武當的直接衝突，武當一度派人圍攻日月神教總部但無功而返，而日月神教的報復是有效而直接的，《笑傲》前八十年，武當在這場對抗中失去了老張的書和劍。武當的威望受到嚴重的打擊，日月神教開始瘋狂的蠶食武當的地盤，無法獨力對抗的武當終於被少林招安了。對於這點，武當的解釋和想法是武當資源不足，唯有和少林配合，把少林推到風口浪尖，這樣才能打敗日月神教並找機會取代少林的地位。不過少林掌門更狠，還沒招安武當就先和日月神教簽訂互不侵犯的秘密條約，不但保存了自己的實力還搶佔了不少武當的地盤，從此武當再也沒有超越少林的機會！

註釋

①待見：喜歡，類似於當不當回事。《紅樓夢》第二十一回：平兒在窗外道：「我浪我的，誰叫你動火？難道圖你舒服，叫他知道了，又不待見我呀。」

②《倚天》第一回〈天涯思君不可忘〉：「天鳴禪師是少林寺方丈，無色禪師是本寺羅漢堂首座，無相禪師是達摩堂首座，三人位望尊崇。」

③《外傳》第六章〈紫衣女郎〉：「少林韋陀門是武林中有名門派，卻從這些人中選立掌門，豈不墮了無相大師以下列祖的威名？」

④《不擴散核武器條約》(Treaty on the Non-Proliferation of Nuclear Weapons, NPT)又稱「防止核擴散條約」或「核不擴散條約」。於一九六八年七月一日分別在華盛頓、莫斯科、倫敦開放簽字，當時有五十九個國家簽約加入。該條約的宗旨是防止核擴散，推動核裁軍和促進和平利用核能的國際合作。

⑤《笑傲》之前練成《易筋經》的人十分稀少，到了《笑傲》時代居然連令狐沖都可以練了，而在《鹿鼎》第二十二回〈老衲山中移漏處，佳人世外改妝時〉澄觀老師侄的口中這《天

龍》幾乎沒人練成的武功竟然成一指禪的基礎功法，倘若不是速成版我還不知應該怎麼稱呼他。

⑥三合會如何由愛國組織變成了一個犯罪集團？一九一二年清朝覆滅之後，洪門目標已經達到，當局宣佈解散組織。一些地方本來自給自足的社團，公眾的支持和捐助一時間便斷絕了，也有部分三合會成員無法適應新生活。其中部分社團有組織及金錢，並已經經營一些賭場或娛樂行業，現成社團成員成為看場。個別沒有金錢的，會敲詐勒索社區人民收保護費。這些就是今天黑社會的雛形。

第廿一章　我終於失去了你——丐幫火併內幕
天龍、射鵰、神鵰、倚天、笑傲

提到丐幫，大家一定知道他最出名的降龍十八掌和打狗棒法，當然還少不了那被周星馳毀壞的打狗棒了。這三種事物我們在《倚天》中是見到的，但到了《笑傲》他們卻奇跡般的消失了，於是這又給了我們發揮陰謀論，嗯，不，是商業分析的餘地。

詩曰：

幫主由來二技全，龍鵰皆是最前沿。
黃衫臨去開尊口，紅石歸來下九泉。
我行陷圍題柱後，冷禪武藝解風前。
設非雙絕今俱失，打狗降龍必可先。

丐幫幫主以降龍十八掌及打狗棒法二大神功馳名天下。降龍十八掌自《天龍》起即為天下奇功之一，可比美少林易筋經，段家一陽指、六脈神劍，而打狗棒法也是洪七公用以打敗西毒的絕藝。然而《笑傲》中解大幫主雖有刻木之能，可是在〈三戰〉一回中，方證等一行共有十人，除了方證大師還有岳不群、寧女俠、沖虛道長、左冷禪、天門道長，余滄海，解風，崑崙派乾坤一劍震山子，莫大先生。點名挑戰時旁白說他們這邊十人之中，雖然個個不是庸手，畢竟以方證大師、沖虛道人和左冷禪三人武功最高。也就是說一度的五絕的絕藝到了《笑傲》竟然排到前十之外了（加上風清揚、任我行、令狐沖、向問天和東方阿姨）。這點只有兩個解釋，一是當時的武學水準大幅提高，降龍十八掌成為二流武功，不過那時的易筋經可依然天下第一。二是我們的解風根本沒學到降龍十八掌，否則和任我行對掌那裏可以不由他使這清潔工許為天下第一的降龍十八掌對敵？降龍十八掌沒有了，打狗棒法估計也就沒了。最有意思的是《笑傲》第三十二回〈併派〉封禪台上提到咱們的解大幫主只以一句衣衫襤褸做介紹，我說解大幫主你們家那打狗棒那裏去了？該不會弄丟了吧？當然弄丟了也是有可能的，沒有了打狗棒法配套，打狗棒不過一部沒有驅動程式的電腦一般，只是擺設而已。而提到丐幫只是說自來在江湖中潛力極強，無復當年天下第一大幫氣象。所以我們實在有必要追究一下丐幫的沒落。

要說還是從這兩樣東西最後一次出現說起吧。第一件打狗棒，這東西最後出現在丐幫小幫主史紅石之手。這個幫主還真小，才十二三歲。降龍十八掌最後一次有記載的被使用記錄，是史火龍和成昆對打的時候，當然我們可以肯定他是會打狗棒法的，畢竟黃衫女子要考假幫主這兩樣功夫，如果真幫主不會那就不必考了。本來史火龍一死，這兩樣絕藝也就淹沒了。幸運的是據說《倚天》劍中藏一部《九陰真經》和一部《降龍十八掌掌法精義》，周芷若取得九陰真經的同時也得到了降龍十八掌掌法。至於打狗棒法楊過是學全了的，終南山後既然將丐幫托給小張，那麼小張有責任把降龍十八掌掌法交回丐幫，而終南山後也有義務把打狗棒法教給丐幫幫主。不過我們的表面證據又告訴我們解風不會這兩種功夫，那麼從《倚天》到《笑傲》時代到底發生了什麼事，導致這兩種功夫的失傳？

嗯，故事還是要由史紅石當上丐幫幫主說起。傳功長老的說法：「敝幫史前幫主不幸歸天，眾長老公決，立史幫主之女史紅石史姑娘為幫主。」只是丐幫不是什麼人的私有產業，那裏可以隨便女承父職呢？像《碧血劍》中金龍幫創幫的幫主死了，女兒還是十分出色的人才，同時也曾經為金龍幫服務過，竟然也未能當上幫主。史火龍幫主躲在別墅之中仙福永享了二十餘年，把幫務交與傳功、執法二長老，掌棒、掌缽二龍頭共同處理，以致偌大一個丐幫漸趨式微，於丐幫不但無功而且有過，那裏又有可能還立他無功無勞的女兒這樣一個年紀幼小的人當幫主？

要說立她當幫主只有兩個原因，最主要是她年紀小好控制，幫務依然要交與傳功、執法二長老，掌棒、掌缽二龍頭共同處理，保住各人的權力，維持暫時的權力平衡。第二個原因是他們自知武功不怎麼樣，史紅石既然和終南山後有交情，立她當幫主，有事終南山後自然不能不出力。

只不過這降龍十八掌和打狗棒法必須幫主才可以學的，史紅石年紀小，武功恐怕還沒有，畢竟史火龍要尋覓靈藥治病，怕也沒多少時間教她，至於二種絕藝史火龍不知女兒要當幫主，料他不敢壞了規矩亂教的。這一來降龍十八掌和打狗棒法雖然存在，但卻不是由丐幫掌管。當然史紅石長大了武功練好了還是可以學的，至於學得會否就看她造化了，不過史紅石已經沒有學的機會了。

史紅石的機會是給終南山後取締的，這真是一張擺滿杯具的茶几。終南山後離開少林之前說了一句讓丐幫和降龍十八掌與打狗棒法天人永隔的話，這句話就是——「丐幫大事，請張教主盡力周旋相助。」終南山後的意思是想用丐幫作為進身之階搭上未來的皇帝，謀求更大的利益。但是丐幫的掌權人或許希望養一隱居的但隨時可以召喚的召喚獸[1]，可是他們絕不希望有一個虎視眈眈的太上皇，而這一個太上皇還要是十分強勢的明教。當然丐幫乾脆併入明教也就罷了，可是現在召喚獸的一句話丐幫變成張無忌的私人產業。要這麼幾個當慣老大的人聽命於另一個機構那是不可能的。結果屠獅會後，那場本該在若干年後才發生的權利火拚，提早結束了。四個幫主競爭者只有掌棒龍頭活了下來，控制全幫的掌棒龍頭開始了一場大清洗，然而時局的動盪令這場大規模的清洗成為當時歷史巨輪下無足輕重的小插曲。一旦大局已定，那麼就不再需要史紅石這個幫主了，留下她難免日後有誰會把她再擡出來，挾天子以令諸侯，所以不用猜我們也知道史紅石的下場和韓林兒十分相似。掌棒龍頭本人或許沒有這樣做的意思，不過下面的人自然會為領導著想的。

事發後掌棒龍頭分別給明教和終南山後去信說，本月某日，本幫幫主史紅石出外巡查業務，途中遭遇元軍，幫主及隨從無力抵抗，不幸斃命於亂軍之中，屍首至今未獲云云，然後分別討要降龍十八掌和打狗棒法。楊逍的批覆是：

前幫主張自日前離任後，遍尋不獲，本教乾坤大挪移迄未交還，所云降龍十八掌本教略無所聞，敬請移文前幫主處討要，此。

終南山後沒有回信，不過回了人，黃衫女子動用其巨大的情報網獲知真相後，親臨丐幫駐地。運氣比較好的是丐幫的情報網也同樣的巨大，掌棒龍頭先一步撤離了，從此丐幫和明教與終南山後斷絕聯繫。據說後來朱元璋圍攻終南山後時，丐幫曾派出大量骨幹瓦解終南山後的情報網，從而保證了圍攻的突然性云云。

當然，經過這一事件，丐幫也就錯過了最後一次重新擁有降龍十八掌和打狗棒法的機會。同時沒有了拳頭產品的丐幫日漸沒落，屠獅會上的丐幫在江湖上仍有極大潛力，到《笑傲》時期已經衰落成在江湖中潛力極強，可見版圖的日漸縮小，連金大俠也不好找詞吹噓他們了。或許當年終南山後幫他們選一個年齡相當能壓住臺面的幫主，則少林寺中這個丐幫幫主就可能會向張無忌討要降龍十八掌，而終南山後也會盡力把打狗棒法教給這個自己選定的接班人，這樣日後《笑傲》第二十七回〈三戰〉時出面的應該就是解風、方證和沖虛，至於左冷禪，嘿嘿，哪兒涼快哪兒去吧。可惜，終南山後出於自己利益的考量，覺得一個沒有真正領導的丐幫會更加聽終南山後和明教的話，因為大家都希望取得幕後老闆的支援，結果預期和現實完全兩樣，竟然把好好的一個丐幫搞跨了，楊過泉下有知也該感到慚愧吧？

不過失去降龍十八掌和打狗棒法的丐幫依然頑強的生存下來，沒有了終南山後支援的丐幫一度找不到出路，幸好閉關中少林急需一個能為自己打聽江湖上各種消息的助手，於是少林向丐幫這個《天龍》時期的對手伸出友誼之手。之後丐幫就成為少林的附屬幫會，據說少林曾經把簡略版易筋經傳給丐幫幫主，使丐幫幫主的武功得到一定的提高，所以我們看到三戰中失去降龍十八掌和打狗棒法的解風可以有聽到令狐沖的呼吸的能力。而同樣聽到令狐沖呼吸的方證竟然選擇與這個武功排在十名以外的人溝通而不是武林聯盟的另一領導人武當掌門沖虛，可見丐幫和少林關係緊密，也讓我們突然發現少林與武當和丐幫間微妙的關係。

註釋

①召喚獸為電子遊戲中，使用各種法術召喚出來的輔助角色，如果是非人類則稱為召喚獸。